商业空间动线设计细节图解

汤留泉 编著

商业空间功能丰富，变化多样，因商业性质不同而产生多种动线，动线设计也会随着商业空间功能的不同而发生改变。本书以动线规划为主线，全面介绍动线基础知识、动线设计规划要点、动线与空间的关系、动线规划原则等知识，帮助读者厘清商业空间动线设计规划思路，掌握对商业空间进行量身定制的方法，打造一个时尚、高效的商业空间。本书内容广泛、深入浅出、措辞严谨，是现代商业空间装修改造的重要读本。本书适合商业空间设计师、施工员、店铺销售人员及高等院校环境设计专业师生阅读参考，也可作为室内设计教育培训参考资料。

图书在版编目（CIP）数据

商业空间动线设计细节图解 /汤留泉编著. —北京：机械工业出版社，2022.11
（设计公开课）
ISBN 978-7-111-72035-5

Ⅰ.①商… Ⅱ.①汤… Ⅲ.①商业建筑—室内装饰设计—图解 Ⅳ.①TU247-64

中国版本图书馆CIP数据核字（2022）第215858号

机械工业出版社（北京市百万庄大街22号 邮政编码100037）
策划编辑：宋晓磊 责任编辑：宋晓磊
责任校对：史静怡 张 薇 封面设计：鞠 杨
责任印制：张 博
北京利丰雅高长城印刷有限公司印刷
2023年1月第1版第1次印刷
184mm×260mm · 10印张 · 247千字
标准书号：ISBN 978-7-111-72035-5
定价：69.00元

电话服务
客服电话：010-88361066
010-88379833
010-68326294

网络服务
机 工 官 网：www.cmpbook.com
机 工 官 博：weibo.com/cmp1952
金 书 网：www.golden-book.com
机工教育服务网：www.cmpedu.com

前言

当前商业空间快速发展，消费者的生活方式、消费水平、娱乐方式都发生了很大变化。商业空间中的各种资源开始共享，多媒体设备不断普及、行动装置十分便捷，设计师的作品开始打破传统商业空间模式。商业空间在消费者眼中已经不局限于传统固定的形态，消费者对其提出了更多需求。这就需要设计师重新对店铺空间进行合理规划，优化动线设计。

商业空间的视觉效果是否到位，消费者是否感到舒适，其实在最初的平面布置图中就能够体现出来。平面布置图中陈述设计主旨的就是动线，决定这个设计主旨的根本因素是商业空间的使用功能。

影响商业空间动线设计的因素很多，例如，一堵墙或一扇门的位置、空间的数量和布局形式、异形空间的形态与分隔、展示柜台的造型、空间与空间之间的衔接等，这些因素从无形到有形，都影响着商业空间动线的好坏。设计师在最初的布局设计时应当从功能入手，根据空间形态来安排功能分区。

大多数商业投资业主都会认为动线设计对于小型、微型店铺来说无关紧要，不用太在意，毕竟空间很小走不了几步路，动线的规划只需稍微注意，不过于无聊即可，只有大型商超才需要专业动线规划。其实这种想法是完全错误的。大型商超毋庸置疑是设计师特别关注的对象，大型商业空间中动线变化形式丰富，将动线设计到最优其实是很简单的，功能区划分完成后布满商品，就能使空间宽敞而不过于空旷。但是中、小商业空间的动线却十分紧凑，小店铺的动线规划不仅是为了让消费者通行更便捷，还有一个原因是，合理的动线设计能够使空间内每一寸土地都得到合理利用，使整个空间更加饱满。

目前，关于商业空间的空间设计、户型改造以及颜色搭配、风格选择的资料种类繁多，但是关于商业空间动线设计方面的图书却非常少，本书弥补了设计师与投资业主对商业空间动线规划的认知盲点，为动线设计指明了方向。本书集合了优秀的设计案例，以平面布置图为主，同时列出实景照片，配以文字说明，对商业空间动线规划进行了详细讲解。本书图文并茂，所选择的配图色彩鲜明，具有一定观赏性，能够帮助读者更好阅读。读者可加微信 whcgdr，免费获取本书配套资源。

本书由湖北工业大学艺术设计学院汤留泉编著。

编者

目录

THE CAFÉ IS
NOW CLOSED

细节
图解

第1章

图解动线划重点：一看就懂

学习难度：★☆☆☆☆

重点概念：动线、布局、改造、流畅

章节导读：近年来，商业空间逐渐从以往单纯买卖商品的地方转变为多功能、一体化的新型商业空间。商业空间动线设计尤为重要，动线设计可以影响消费者对商业空间的认知，表现出商业主、客体之间的互动关系。

1.1 动线综述

商业空间设计要明确消费者流向、购物舒适性、价值体现与引导等概念。商业空间中的动线必须迎合消费者需求，能对消费者的行为进行引导，最终促进销售。

1.1.1 动线设计问题

商业空间最为重要的就是要营造商业空间的互动性与参与性。许多商业空间由于面积过小或过大，没有合理分配动线层次，造成空间布局缺乏逻辑，商品摆放混乱，商业气氛乏味、单调，导致消费者感到疲劳、无聊，从而降低了消费者闲逛与购买的欲望。

增强空间趣味性固然能够提高消费者的购买欲望，但物极必反，如果只是一味追求空间趣味性，缺乏清晰明确的动线来对消费者进行引导，就会使消费者感到混乱、迷失。

如果商业空间过分追求商业氛围的营造和各种环境要素的组织，减弱了对空间可识别性的设置，则会让消费者在空间中迷茫、不知所措。

1.1.2 主次动线流向

主次动线的划分主要看消费者的走动情况，主动线直通重要位置，次动线起连接作用，连接主动线与其他公共空间。

对于动线规划的好坏，设计师要有清晰、明确的认知。合理的动线设计能够快速引导、分散消费者，让有消费需求的消费者清晰认识到自己要去的方向，让疲劳的消费者有暂时休息的地方（图 1-1 ~图 1-4）。

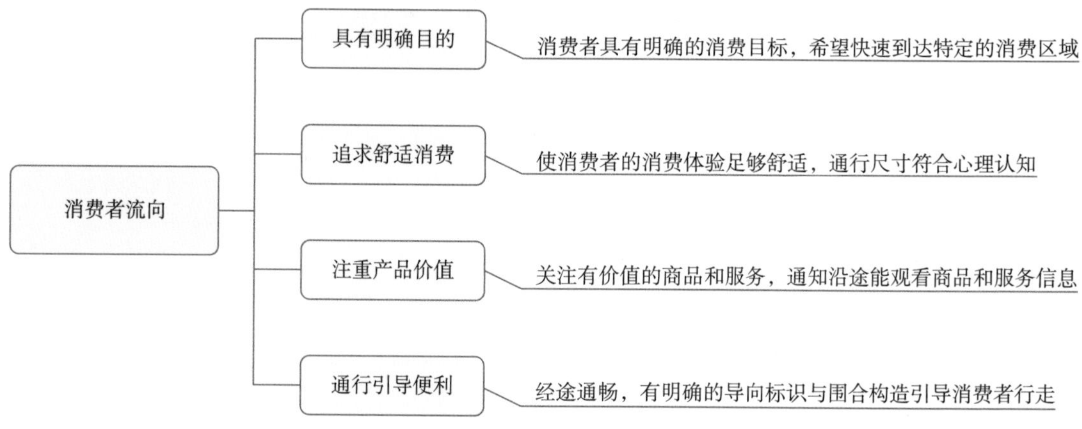

图 1-1 消费者流向

↑消费者对商业空间动线有明确要求，消费者在消费过程中会按设计师预先设计好的动线方向行进，动线设计要把握好以上四个环节。

图 1-2　布局混乱

←商业空间一向求大求全，容易造成空间内布局混乱，虽然内容丰富，但是内部动线不明朗，主动线与次动线的关系没有明显界定，因此会造成部分区域无人光顾。

图 1-3　识别性差

←多层商业空间中各层的经营功能容易雷同，导向设计不明确会造成较高楼层无人光顾。

图 1-4　主次动线对比

↓主次动线的划分主要看人流走动的情况，主动线直通主要空间，次动线起连接作用，连接主动线与其他辅助空间。

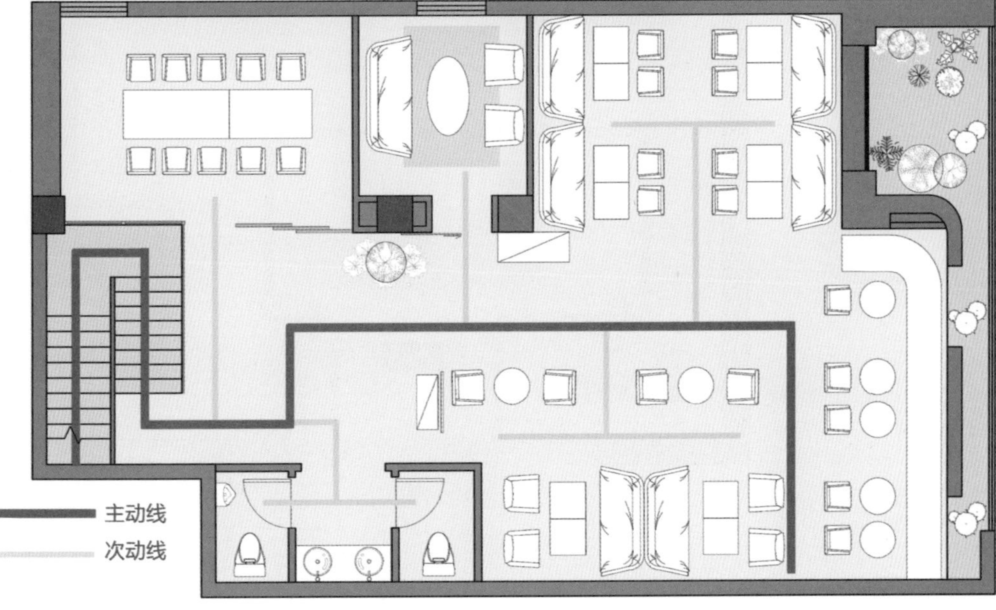

1.1.3 动线案例解析

1. 数码专卖店

数码产品的销售竞争很强烈，为了脱颖而出，需要在空间设计上把握时尚前沿。本案例中的专卖店以白色为基调，让它与深色产品外壳形成对比，强化了展示效果（图 1-5 ~图 1-8）。

图 1-5　店面造型设计

↑商业空间外部造型简洁，采用大面积钢化玻璃，视线通透，从外部向内看，内部空间与产品清晰明朗。虽然内部空间面积不大，但是中岛式台柜布局显得动线清晰。

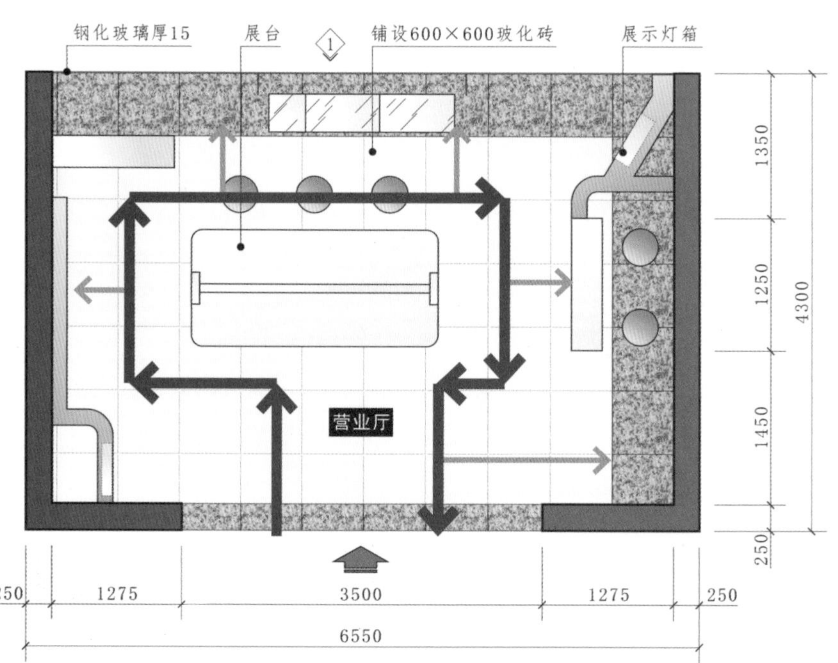

图 1-6　平面布置图

→中岛式布局能让消费者环绕展陈台柜自由流动参观，全面了解商品。入口面积预留较大，能快速吸引更多消费者进店。

白色还象征着环保、未来，给现代数码产品添加一层华丽的外衣。店内展柜、展台、展板等各种道具全部设计成开敞形态，一改将产品封闭、包围起来的传统模式，消费者能更直观地了解各种产品。

高强度筒灯照明、亚克力发光灯片和大面积钢化玻璃橱窗增强了店内的采光，这些都能提升店面装修档次，吸引更多潜在消费者。

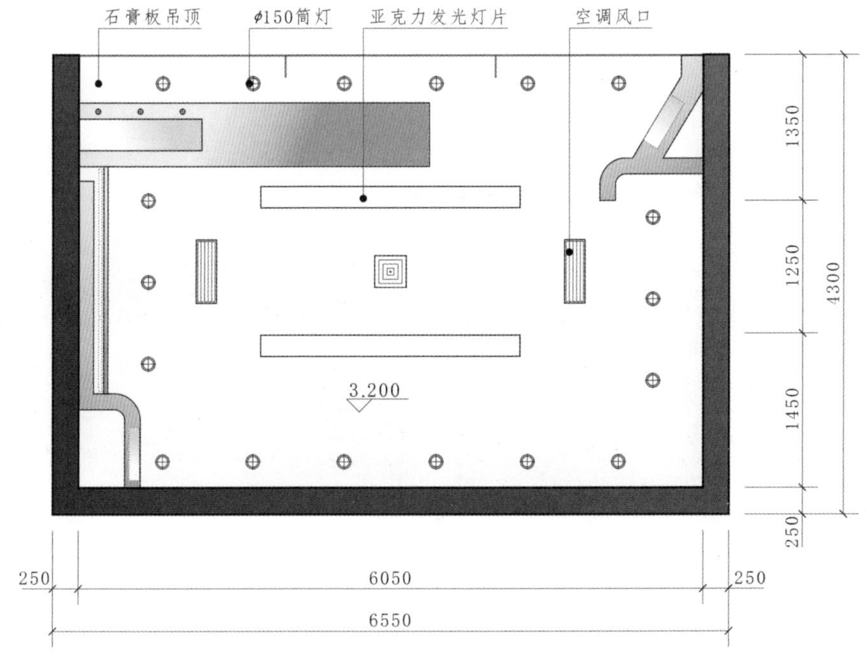

图 1-7　顶棚布置图
←顶棚造型平整，灯具环绕在四周，除了提亮照明墙面与展柜外，还清晰指明交通动线。

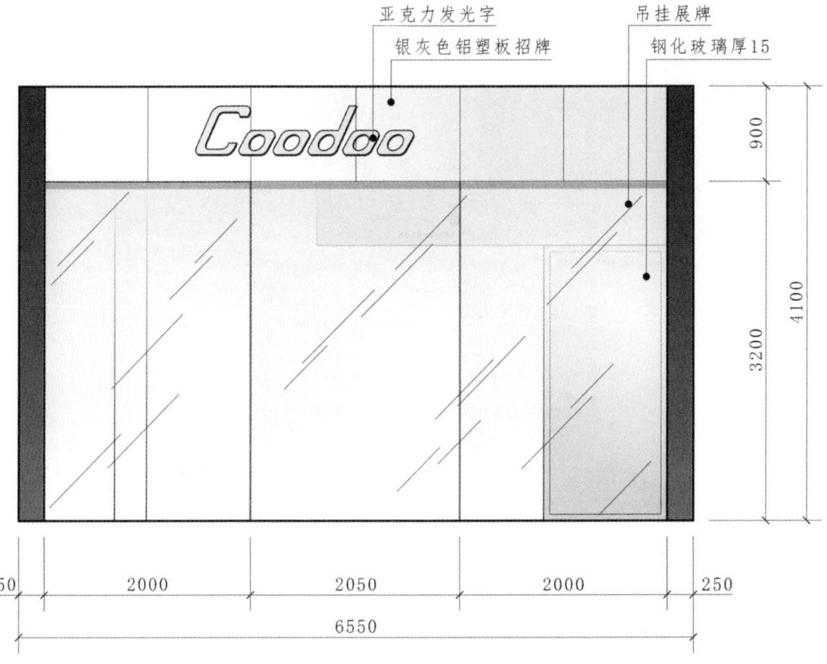

图 1-8　店背面立面图
←封闭式玻璃幕墙上虽然没有开设大门，但是视觉上的引导能让消费者快速找到室内正门进入。

2. 汽车专营店

汽车专营店的设计一般讲究大气，风格上尽量简约，让消费者将更多的注意力放在产品上。室内空间尽量空旷，以便随时展示各种车辆和配件（图 1-9 ~图 1-13）。

这家专营店为了提升空间的利用率，使店内不显得拥挤，特将车辆停放在户外，利用过厅来连接，增加了消费者的选购行程，扩大了消费者的视觉范围。为了在极简的构造中体现档次，采用

图 1-9　店面造型设计

↑店面造型较复杂，用铝合金成品条形板制作招牌底板，塑造机械感十足的设计风格，引导消费者对汽车品牌的认知。店面采用大面积玻璃固定封闭，形成良好的展陈视野，抓住路人的视线。

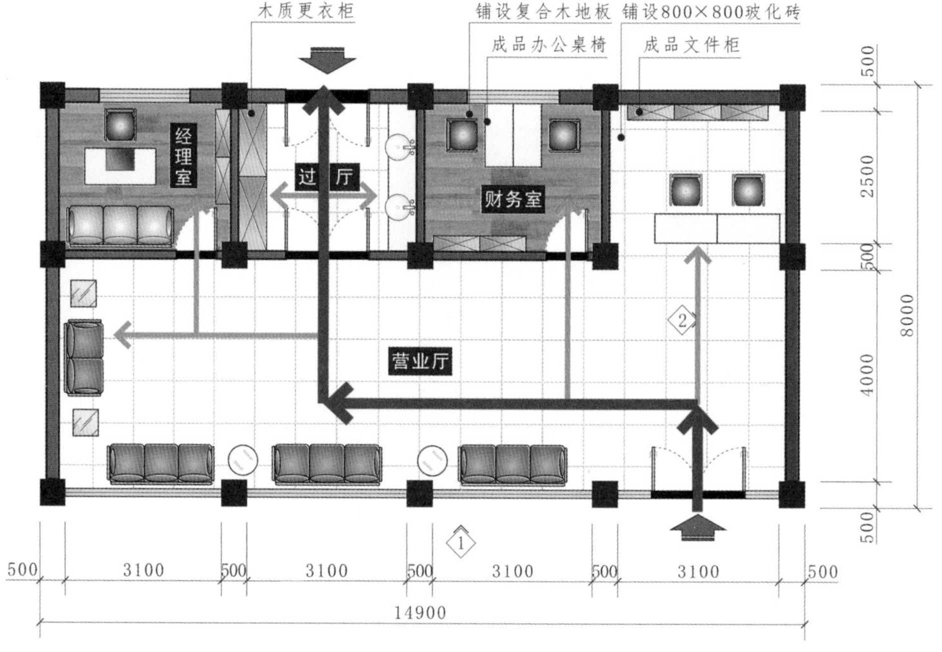

图 1-10　平面布置图

→营业厅面积不大，但是形态方正，从大门进入穿越营业厅与过厅，就能进入后院停车场看实车或试驾，动线引导明确。

高档装饰材料，如用双层铝塑板、名贵大理石、不锈钢等各种加强、加厚、加大材料减少构造中的接缝。

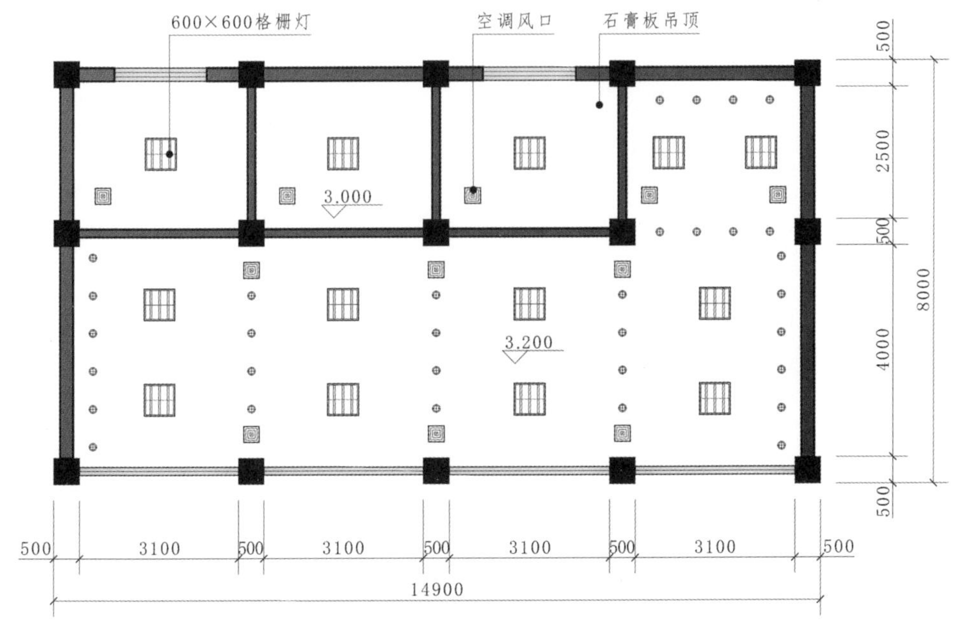

图 1-11 顶棚布置图

←顶棚造型平整，灯具安装在柱点之间的横梁下，形成矩阵，给矩形空间提供全局照明。

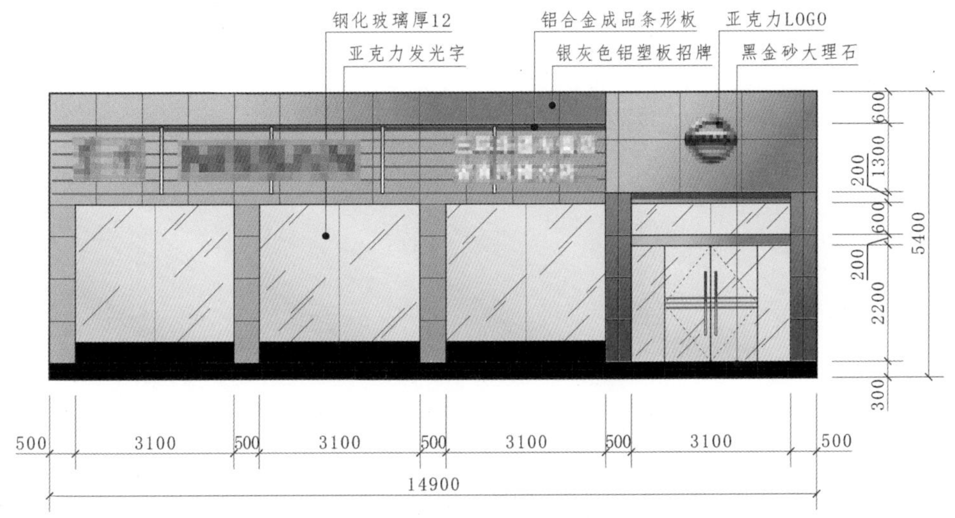

图 1-12 店门口立面图

←店面配色上浅下深，具有稳重感，符合品牌营销定位，给消费者安全稳固的心理认知。

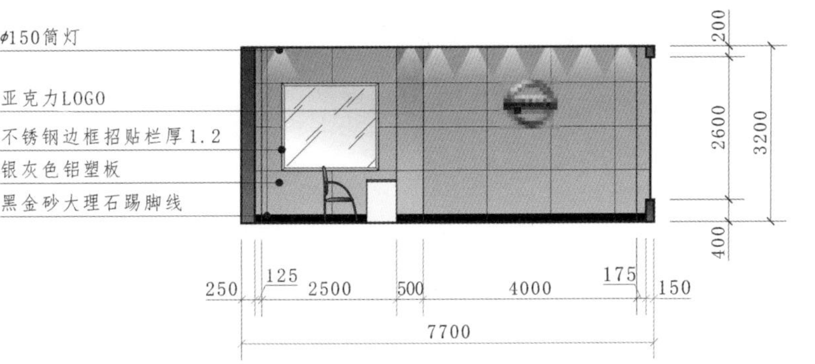

图 1-13 室内局部立面图

←室内主题背景墙进一步表明 LOGO，提升品牌的识别度。这里较为空旷，用作一处可以短暂聚集的空间。

1.2 合理拆除，增强使用

空间档案

使用面积：510 m^2

商业性质：书店

室内格局：通道、储物间、阅读区、办公室、卫生间、展示区

主要建材：乳胶漆、复合木地板、钢化玻璃、细木工板、壁纸

★改造前→

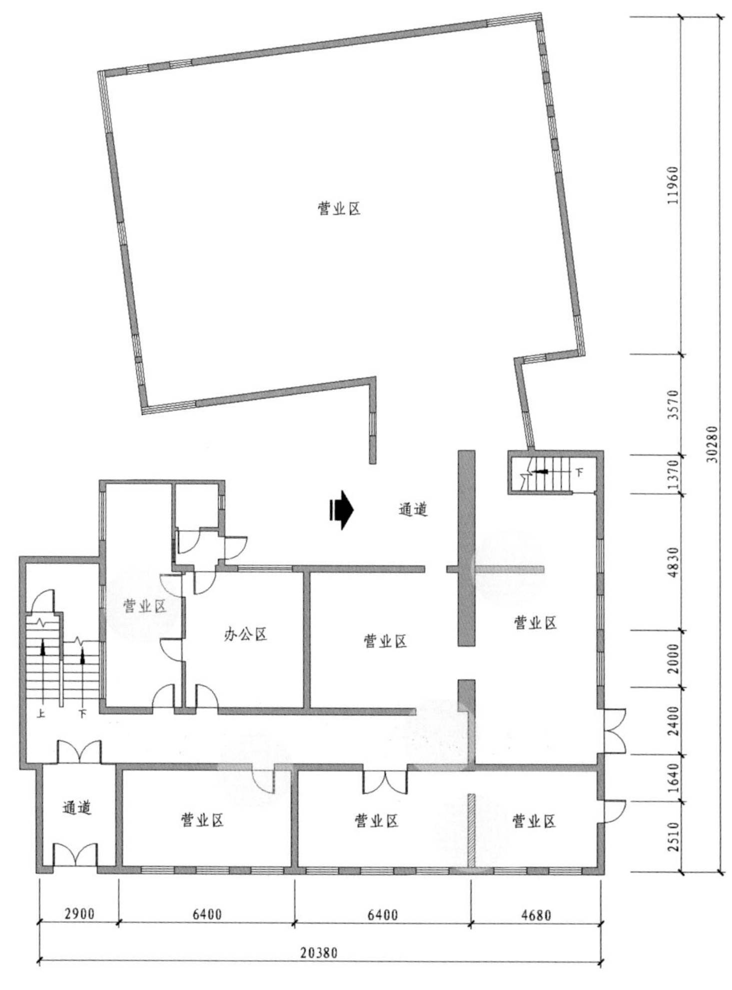

图 1-14 改造前平面

↑整体空间面积比较大，室内结构复杂，空间之间的联系混乱，动线规划不明晰。营业区与办公区之间动线规划不合理，不同的功能区完全混在一起，整体平衡被打乱，不仅顾及不到消费者的感受，也忽视了员工的工作环境。现在对图中标识的部位进行改造，打通部分墙体，明确动线走向，让人员通行更加便捷，提高室内空间的使用效率。内部办公空间与外部营业空间不同，内部的动线更加紧凑，对空间分区有更细致的要求。

←改造后★

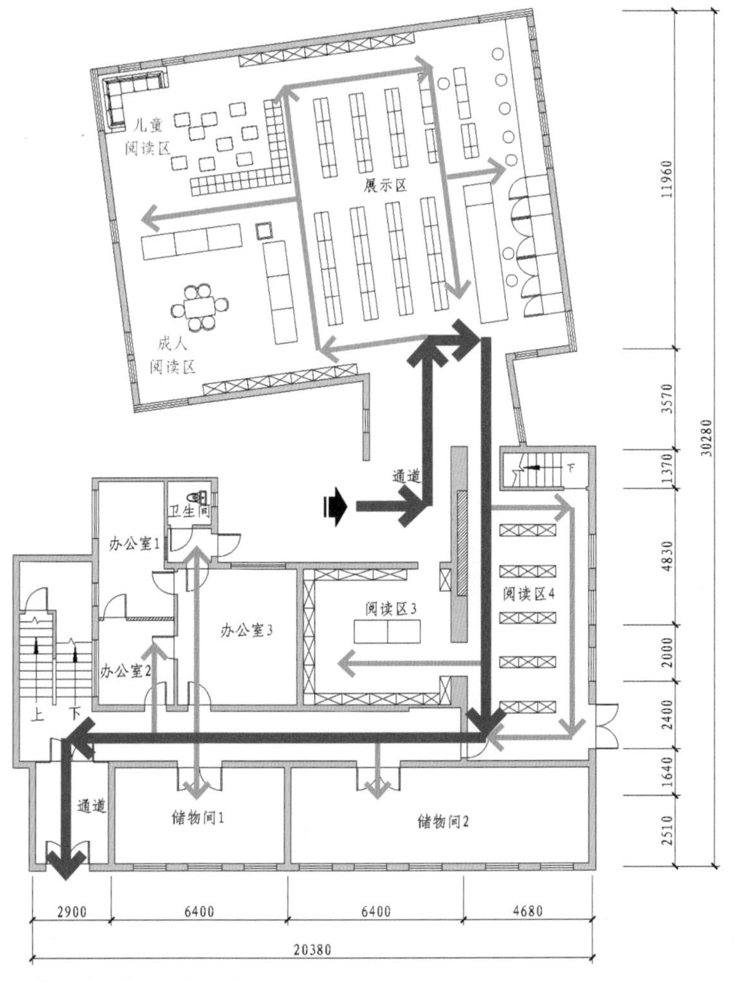

图 1-15　改造后平面

←主要对内部功能区的转角部位进行了优化，让开门方向与动线保持一致，将功能相同的使用空间集中规划，减少边角空间，增加了阅读区与储物间。

图 1-16　建筑外观

←建筑外观造型简洁，将原营业窗口封闭处理，外墙上仍有窗户造型，用伸缩缝划分出装饰造型，让封闭后的窗洞与伸缩缝造型保持一致。

变二为三

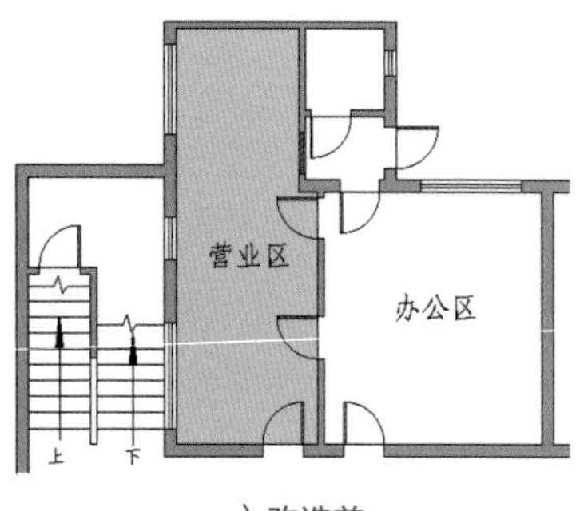

a）改造前

b）改造后

图 1-17　增加隔断

←将这部分营业区全部改成办公区，公共区域和办公区域完全分开。将原来大的营业区改成两个小的办公室，让原本紧张的办公区变得开阔。三个办公室各自独立但是又有门相通，一条环形动线连接三个房间，能促进空间之间的交流。

墙面利用

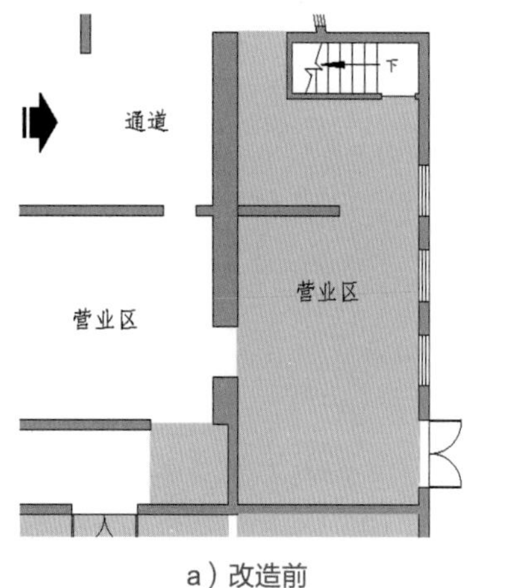

a）改造前

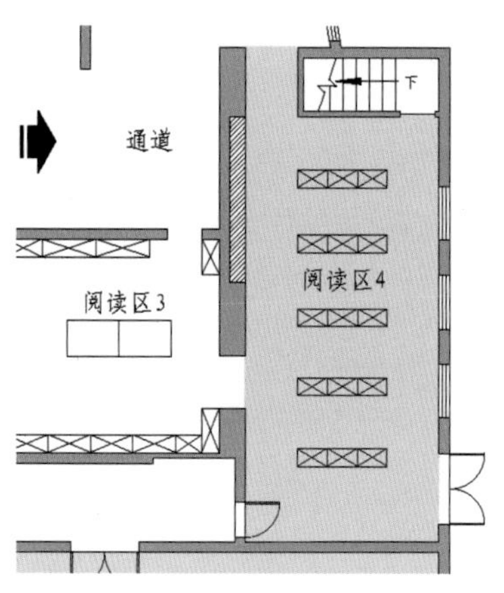

b）改造后

图 1-18　打通阅读区

←拆除原营业区中间的隔墙，让整个空间的动线更流畅，并在墙体上嵌入小型陈列柜，充分利用这面白墙。将走道区域重新收拾整理，让其只与阅读区 4 连通，拆除多余门洞，简化动线走向。

空间闭合

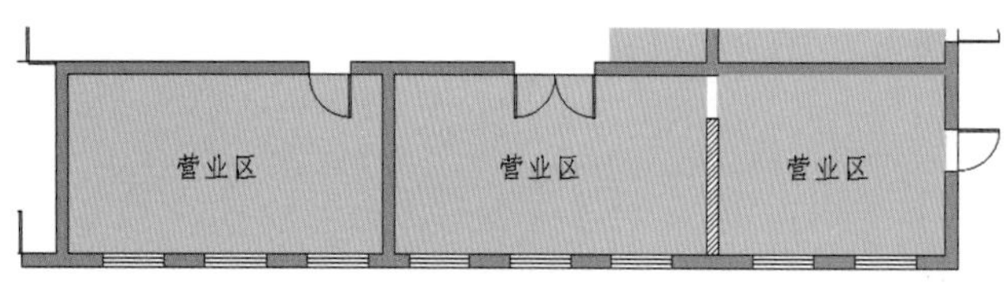

a）改造前

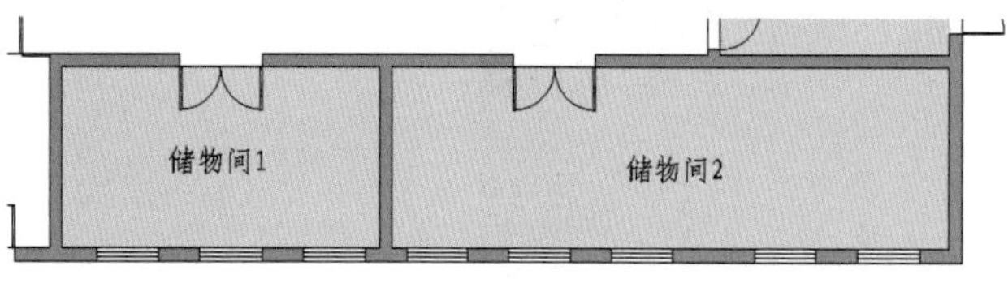

b）改造后

图 1-19　改造储物间

←将部分营业区改成储物间，拆除两个营业区之间的隔墙，让两个空间合二为一，优化动线，同时这样能够储藏更多物品。

图 1-20　儿童阅读区

←儿童阅读区的书架设置极富创意性，且十分人性化，矮小的书柜更方便儿童挑选自己喜欢的图书，艳丽的色彩更适合儿童。这种带有滑轮的书柜便于移动、改造和拼接，根据摆放位置的不同能够创造不同的动线。

图 1-21　成人阅读区

←成人阅读区使用的书架也是方便移动的，这种书架能够根据需要自由变换方向、位置，灵活地创造出各种不同的动线，丰富原本呆板的空间。代替实墙的是玻璃隔断，在不减弱动线指向性的同时能够让空间视野更开阔。

图 1-22　改造漏窗

←高低错落的窗户呈现出不同角度的窗外风景。整体式的窗户仿佛将窗外美丽的风景框起来做成了一幅画。白色的墙面更显空间窗明几净，能让人全身心放松。

1.3 功能大改，空间重塑

空间档案

使用面积：575 m²

商业性质：图书馆

室内格局：多功能展厅、会议室、卫生间、总控台、阅读大厅、观景外廊、休闲茶座区

主要建材：文化石、防腐木地板、清水混凝土、不锈钢板、防腐木条

★改造前→

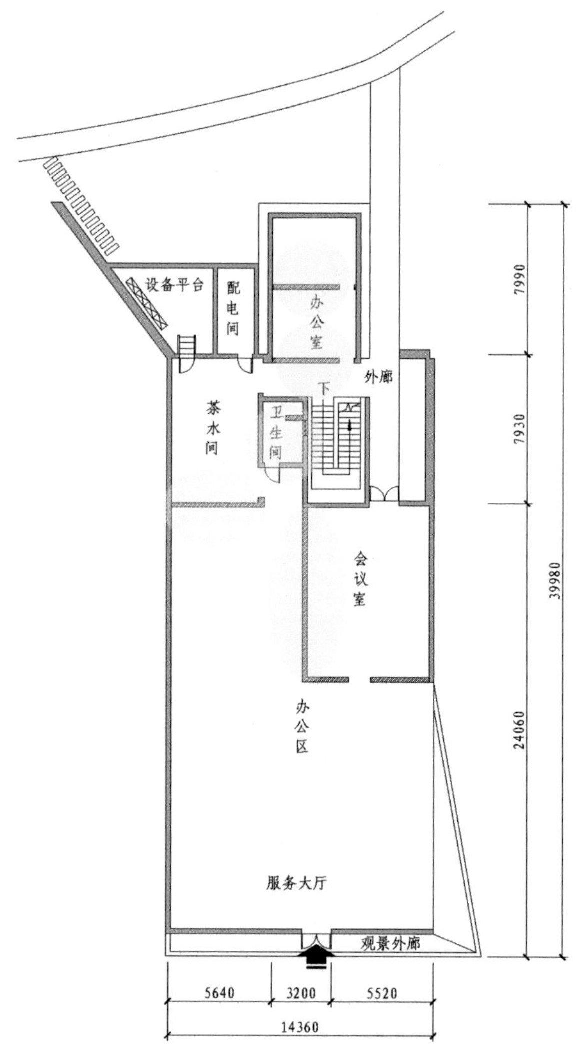

图 1-23 改造前平面

↑该空间原是一家电商公司，现改为图书馆。由于商业空间的性质发生改变，所以整个区域需要重新划分。原办公空间对这所图书馆并没有太大用处，因此需要重新进行功能定义，让这一片不小的空间得到充分合理的利用。茶水间与办公区的隔断十分多余，会议室占据了整个空间相当大的比重，对于图书馆而言，这种大型会议室完全是不必要的。

←改造后★

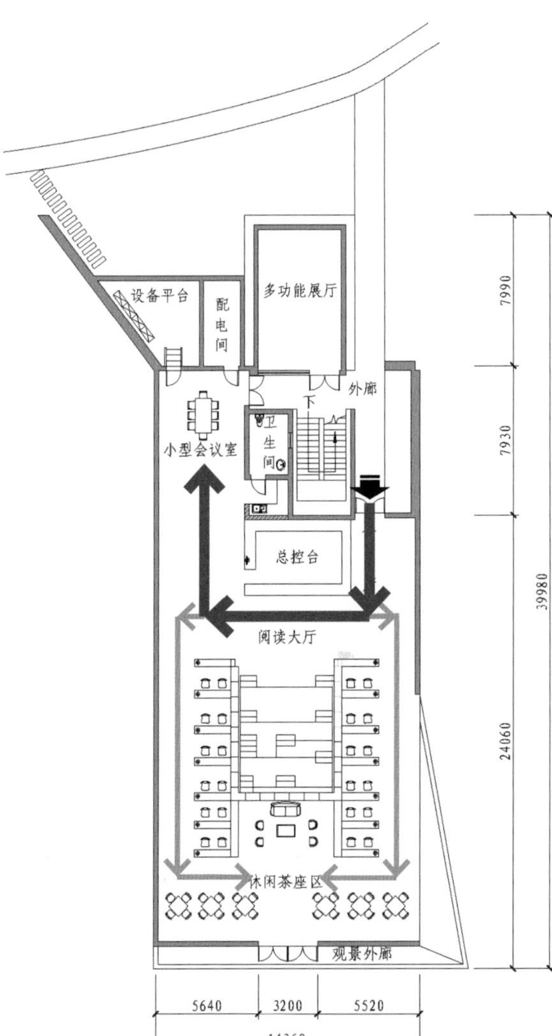

图 1-24 改造后平面

←将原本分散的空间合并，让主要空间阅读大厅居于整个空间的中心。

图 1-25 外景走道

↑外景走道环绕在主体建筑周边，是室内空间的拓展，宽度 1.6 m，能从室内透过落地玻璃观望海景。

图 1-26 外景阳台

↑面向大海，在阅读之余能放松心情，具有良好的视野。

图 1-27 楼梯

→钢结构楼梯具有现代感，宽度 1.6 m，可以同时上下并行，提升楼梯的使用效率。

拆除隔墙

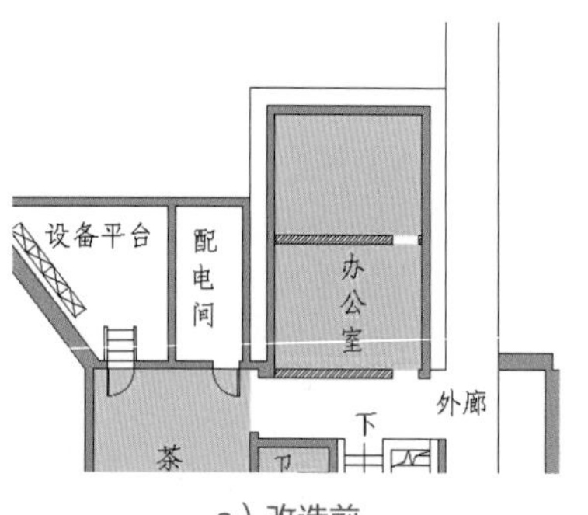

a）改造前

b）改造后

图 1-28 合并空间

←拆除原办公室中起隔断作用的墙体，使原本的两个小空间合并成一个大的多功能展示厅，简化动线，使空间整体更流畅。拆除原办公室与走道之间的实墙，取而代之的是钢化玻璃墙面，如此能够让原本狭窄的走道显得比较宽敞。

功能多样

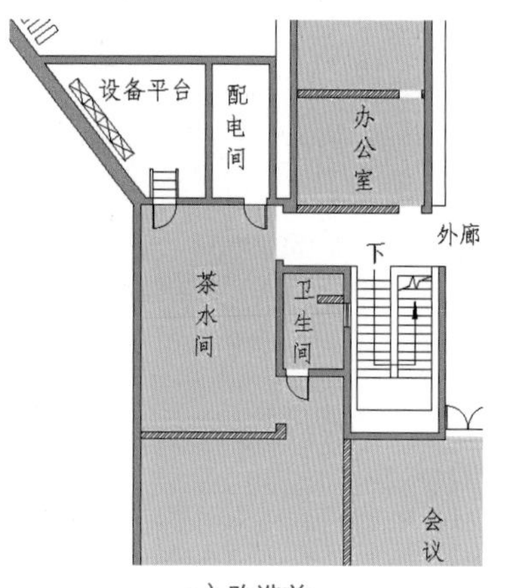

a）改造前

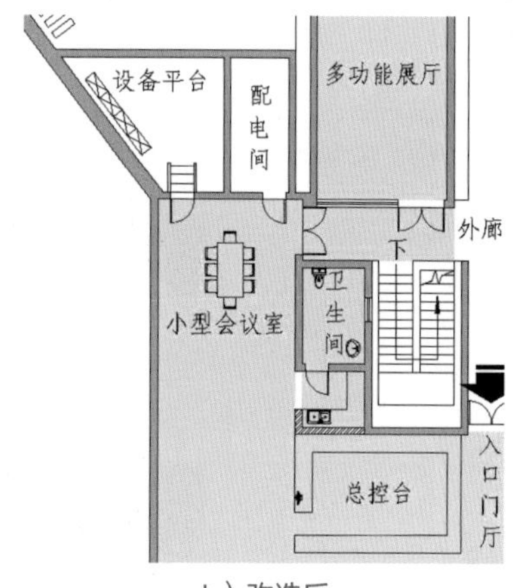

b）改造后

图 1-29 增设小型会议室

←拆除原茶水间与办公区之间的墙体，让原本被隔断的空间连成一体，让复杂的动线变简单。将卫生间做成干湿分离的状态，这样仅洗手的人就不用排队进卫生间了，能节省大量时间。

整体拓展

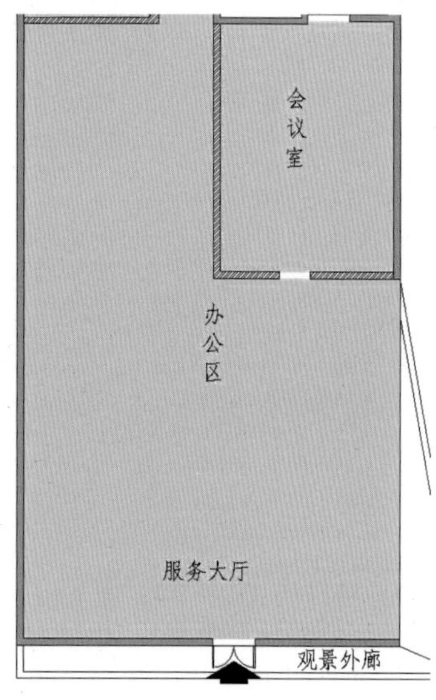

a）改造前

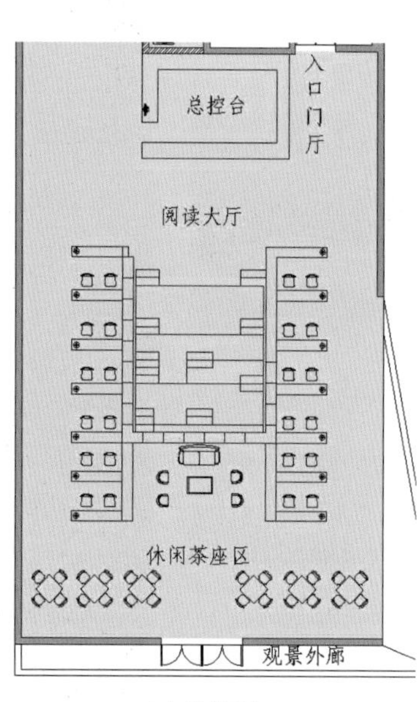

b）改造后

图 1-30 改造阅读大厅

←拆除原会议室的墙体，让几个小空间组合成一个大的阅览空间，让单调乏味的室内空间充满层次感与趣味性。

图 1-31　景观阅读区

←面朝大海是这座建筑最吸引人的地方，在朝向大海的方向设置休闲茶座能够让人在休闲的同时欣赏美丽的海景。同时在建筑的入口空间也设置这种休闲座椅，让不买书的人在此等候买书的同伴，不必进入阅读区再寻找休息的地方，方便消费者的同时也便于内部管理。

图 1-32　温馨灯光

←这座建筑的面积不小，因此动线相对来说就比较长，尽量将空间布置得舒适温馨，让消费者在闲逛的同时忘却疲劳，给消费者以温馨的家的感觉。

图 1-33　阶梯阅读区

←图书馆中高低错落的阶梯式布置是比较常见的，这种布置不仅能扩大展示空间，同时也是另一种形式的座椅，在人多的时候尤其能够体现这一点。在阶梯旁摆放书籍能够让人一边沿着动线行走，一边寻找自己想看的书籍，一举两得。

1.4 古今结合，节省空间

空间档案

使用面积：546 m^2

商业性质：餐厅

室内格局：厨房、卫生间、包间、用餐区

主要建材：镜面玻璃、细木工板、仿实木地砖、装饰木条、陶瓷锦砖

★改造前→

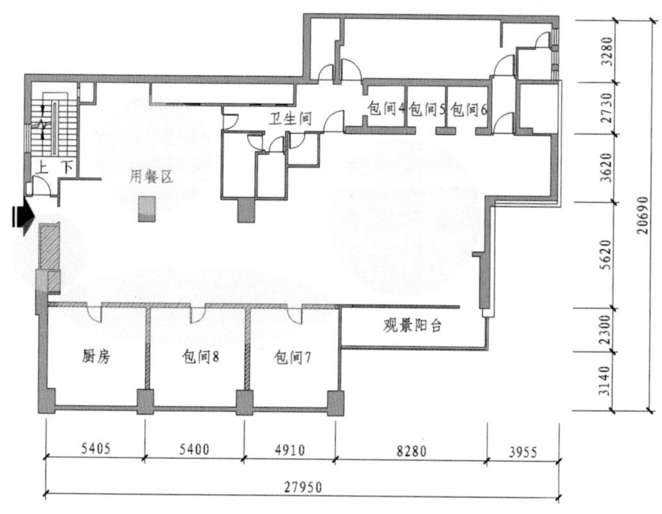

图 1-34　改造前平面

↑从西餐厅到日式料理，首先要改变的就是厨房部分。日式料理要有封闭的厨房来料理食材，因此增加一个较大的封闭厨房是非常必要的，同时，厨房的位置要能够照顾到空间的所有区域，所以应该处于靠近动线中央的位置。

★改造后→

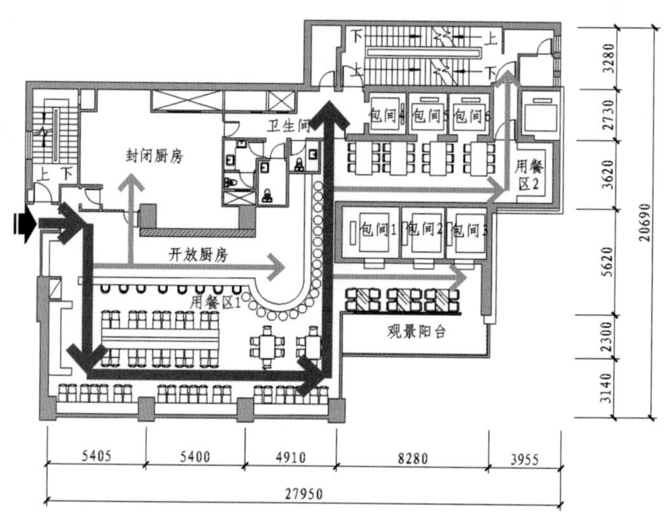

图 1-35　改造后平面

↑更改了厨房的位置并且增加了开放式厨房之后，还要适当调整包间位置，这样才不会使动线过于拥堵。观景阳台被落地玻璃幕墙封闭起来，使阳光能够照进室内。

封闭空间

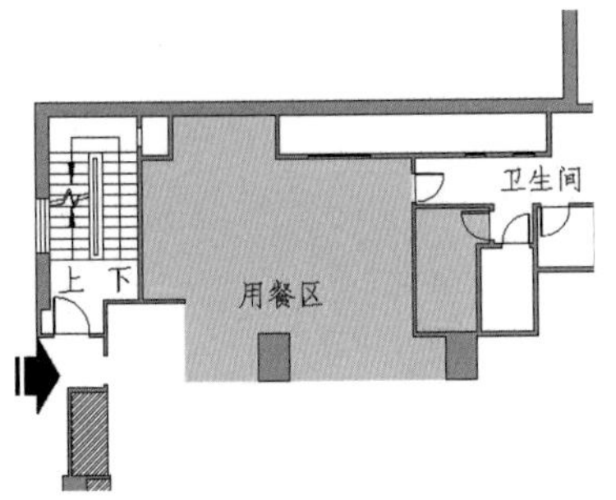

a）改造前

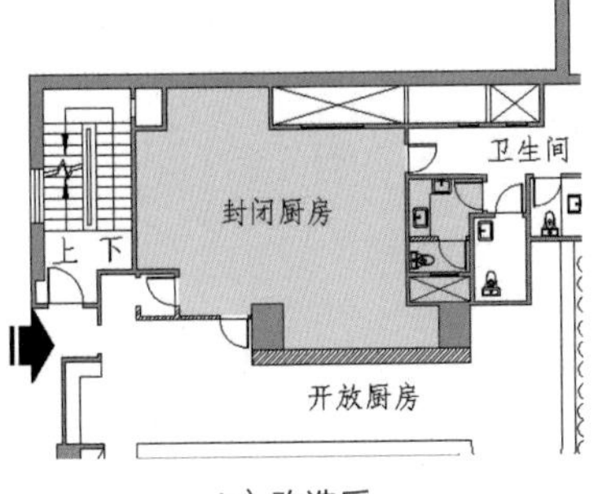

b）改造后

图 1-36 变更厨房

←将原来入口处的用餐区改成封闭式的厨房，将厨房设置在此处是因为这个位置能够照顾到大部分的区域，就工作动线来说，这里有前门有后门，方便卸载货物。

引光入室

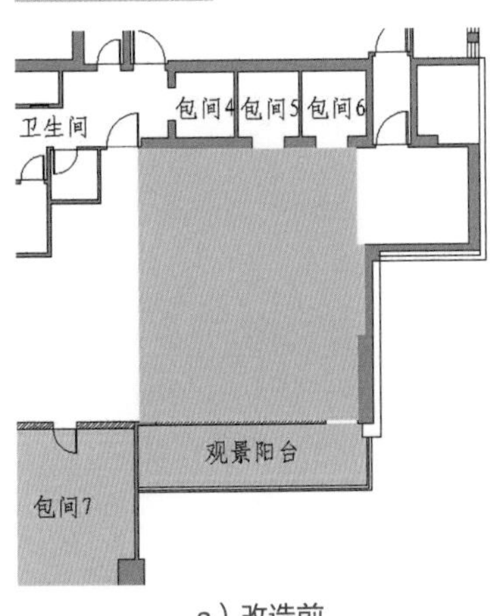

a）改造前

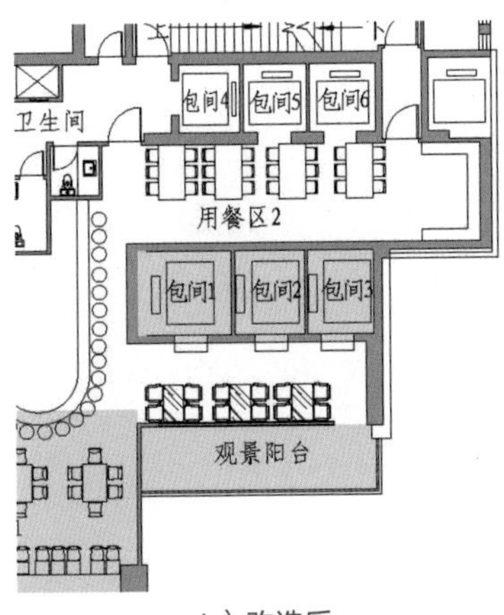

b）改造后

图 1-37 细化分区

←将原观景阳台的实墙改为落地玻璃幕墙，不仅能够让室内接触到更多阳光，还能让室内消费者更好地欣赏风景。日式料理的包间不用太大，可以在原来的小空间中增加三个包间。

空间放大

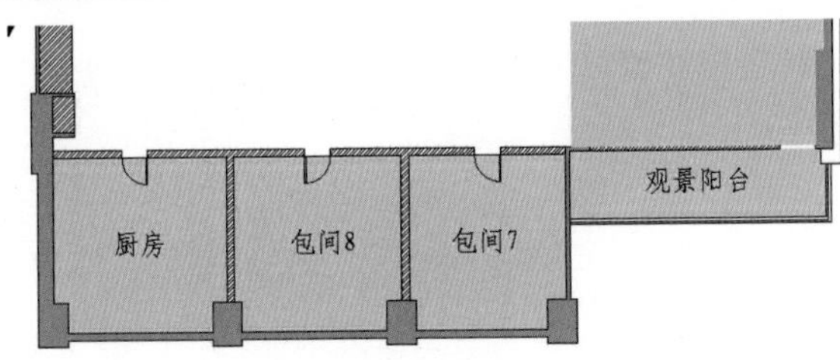

a）改造前

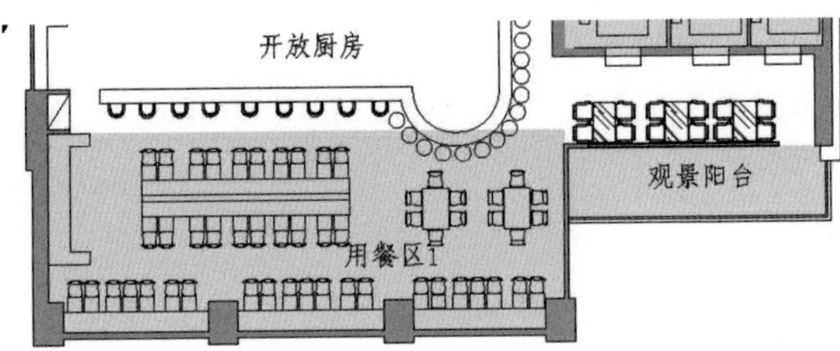

b）改造后

图 1-38 局部合并

←将原厨房和部分包间拆除，开放式厨房加上通透的用餐区，不仅使动线更明朗，还能增加不少座位。

图 1-39　通行走道

←将部分原包间拆除，转而改成开放式厨房和用餐区，不仅能将浪费的空间重新利用起来，还能使原本凌乱的动线变得清晰明朗起来。立食餐桌让这块原本只能充当走廊的鸡肋之地也能被很好利用起来。

图 1-40　座席区

←用落地玻璃代替之前的封闭的实墙，使原本狭窄的动线看上去也宽敞不少。

图 1-41　立食卡座

↑立食文化是一种快节奏生活的缩影，发展到现在已经成为一种都市饮食文化。这种餐桌布置方式可以让餐厅在相同的时间内招揽到更多的消费者。

图 1-42　灯具照明

↑选择两种造型的灯具交替排列，形成高低不齐的光照效果。

1.5 全面改造，功能丰富

空间档案
使用面积：187 m²
商业性质：服装店
室内格局：储藏间、楼梯间、卫生间、试衣间、服装展示区、缝纫修改区
主要建材：进口壁纸、清水混凝土、进口地砖、墙砖、镜面玻璃

←改造前★
↓

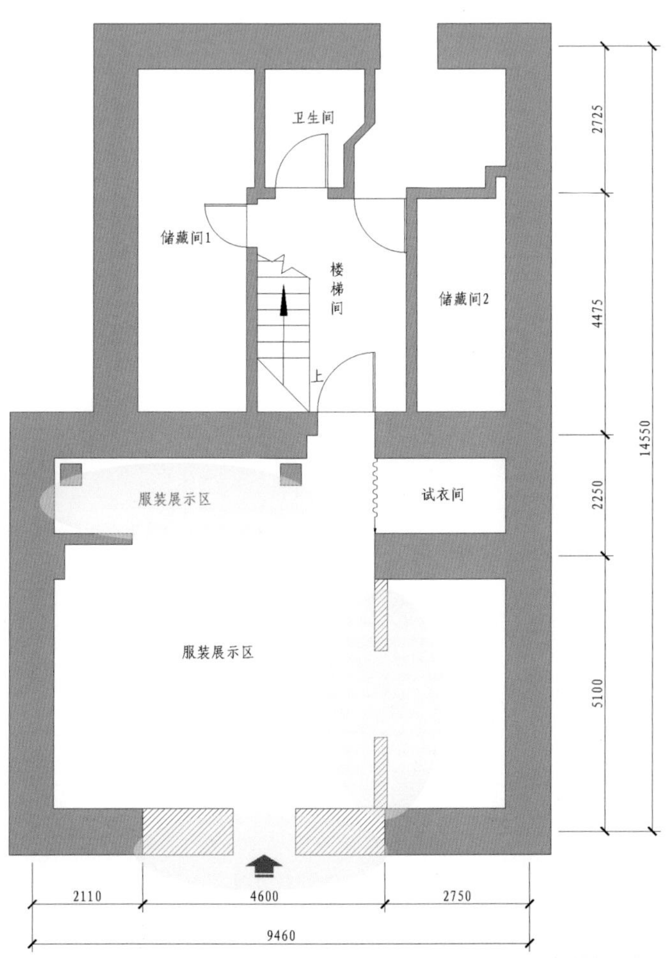

图 1-43 一层改造前平面

↑商业空间的形象是非常重要的，特别是服装店，大门或是橱窗的位置一定不能省。入口右侧就是一个封闭空间，这会降低消费者的观感。收银台的位置被最小化，收银台不能太偏，最好能够在店员一眼就能看到的地方。

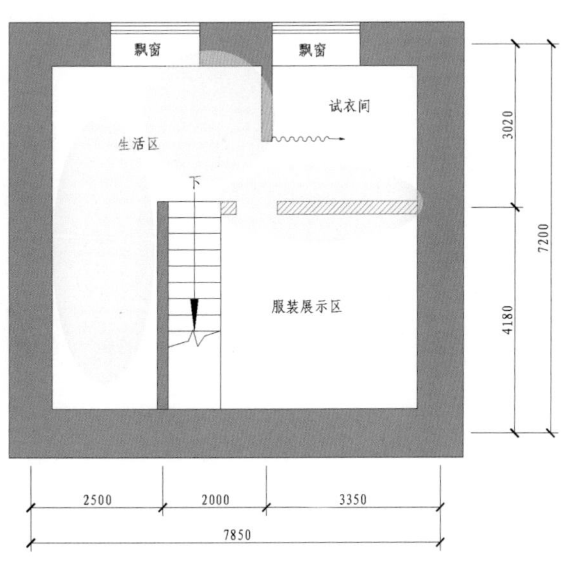

图 1-44 二层改造前平面

→小空间上行的动线比较难设计，阁楼就更是如此。如果要将阁楼设计成展示空间，那么整体就不能太封闭。原本阁楼的空间就比较狭窄，墙体做隔断会更压抑。重新利用生活区，划分出休息空间能够让消费者感到舒适。

←改造后★

↓

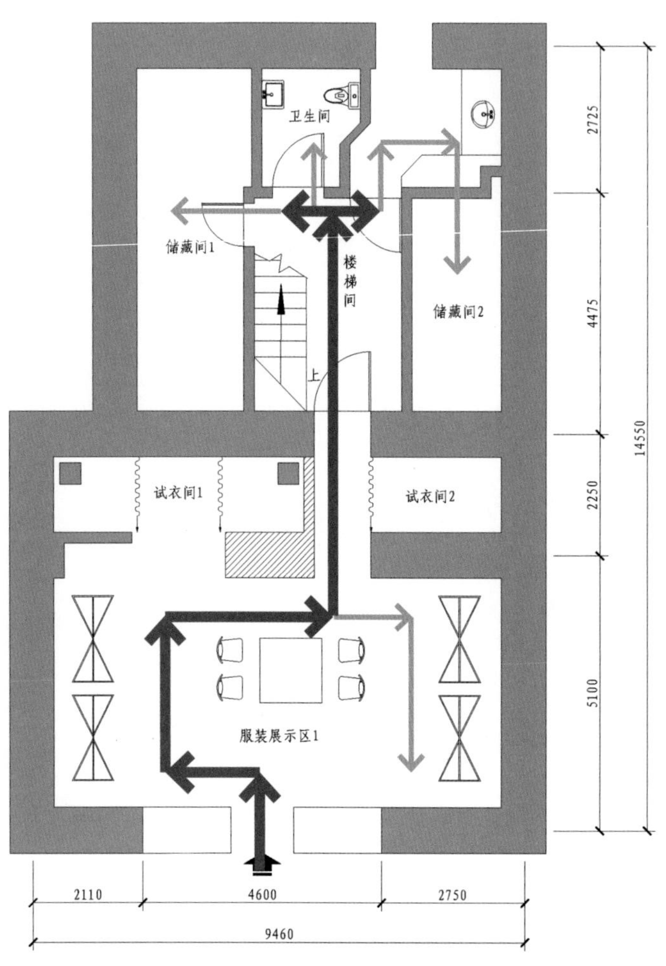

图 1-45　一层改造后平面

↑为了让服装展示区显得更完整，采用对称布局，让原本不大的空间变得庄重。

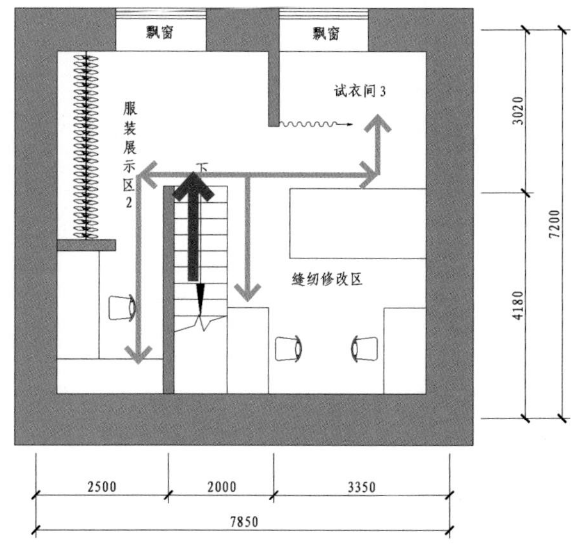

图 1-46　二层改造后平面

→二层增加了缝纫修改区，提供私人定制服装的服务，提升了服装店的服务品质。

简化空间

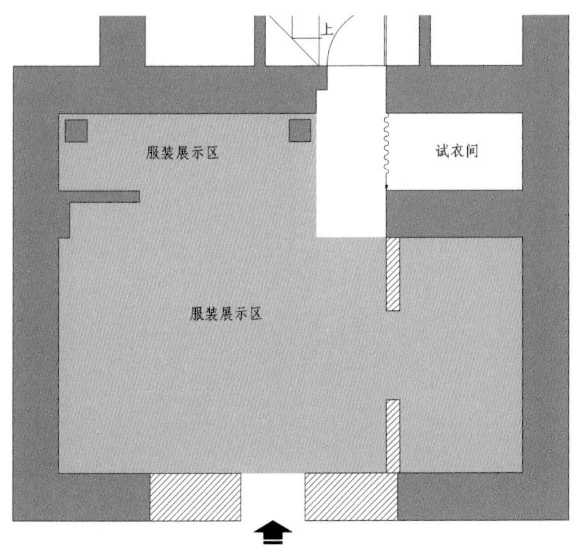

a）改造前

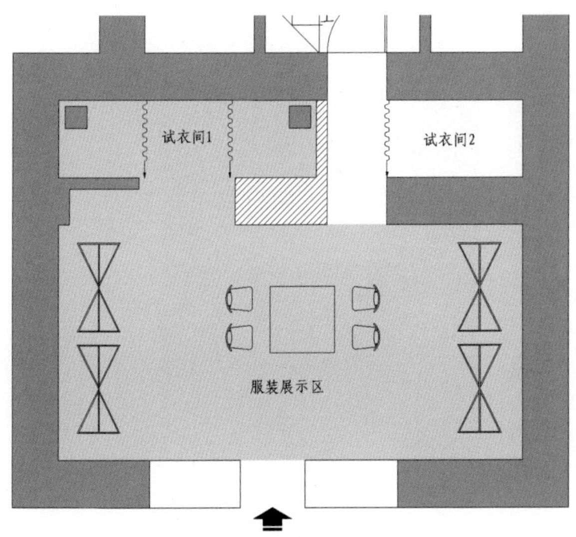

b）改造后

图 1-47 重新整合空间

←在原门洞的基础上拆除部分墙体，在拆除的位置安装钢化玻璃，做成拱形橱窗。拆除原本入口右侧的墙体，将原储物空间纳入展示区中，将动线引至右侧空间。将原小服装展示区封闭起来改为试衣间 1。

增设功能

a）改造前

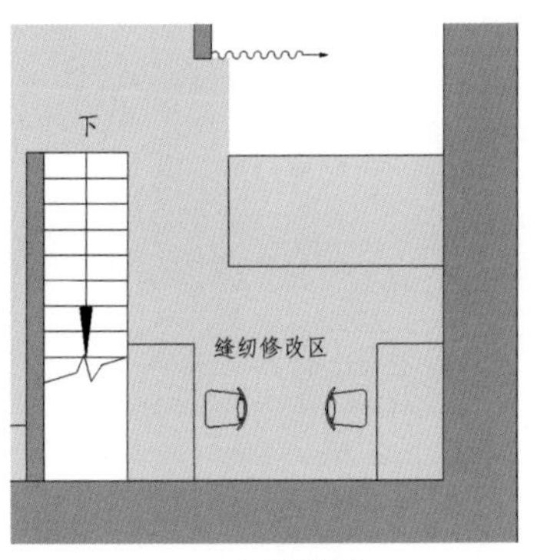

b）改造后

图 1-48 改变功能区

←将原服装展示区与走道之间的墙体拆除，改造成开放式的缝纫修改区，引导客流向上走。

分区重组

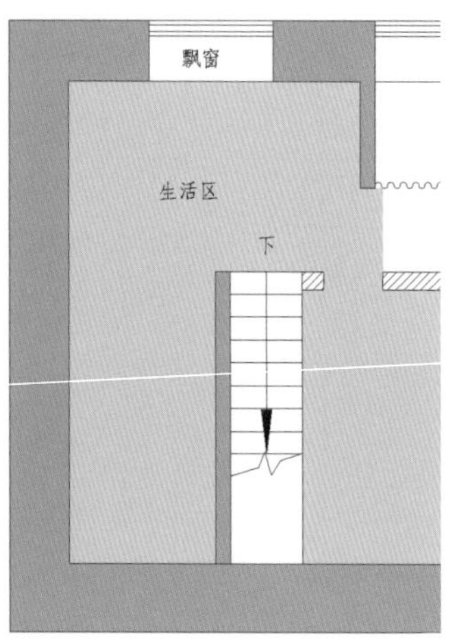

a）改造前

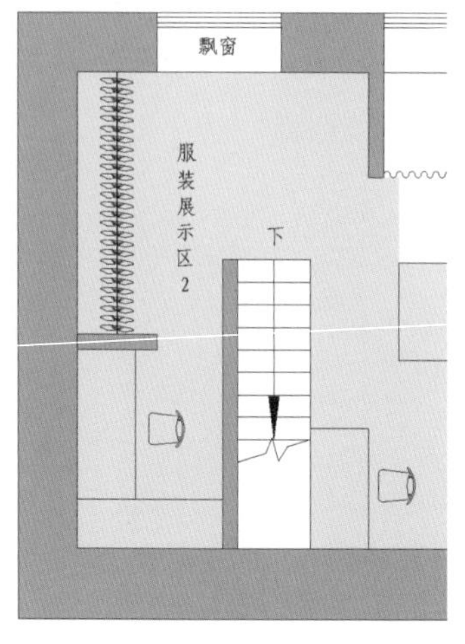

b）改造后

图 1-49　增加服装展示区

←拆除原隔离生活区的墙体，将其改造成一个开放式的服装展示区，让阳光通过飘窗照进整个二层空间，并设置休息区。

图 1-50　一层主厅

↑将原本的墙体改造成落地玻璃，增强了采光，虽然没有做特别的橱窗。原本的储藏室被改造成服装展示区及收银台，造型简洁，动线简单，一目了然。

图 1-51　二层缝纫区

↑二层如果不加以利用，一般很少有人上来，将此地设置成熨烫、缝纫的工作室，以修改服装大小为由吸引更多的消费者上楼，提高这条动线的价值。

图 1-52　入口背景墙

↑在正对入口处砌了一堵用于展示与分隔的墙体，后半部分为试衣间，消费者挑选完能立即试衣，简化了动线。墙面做成陈列墙，展示当季爆款，座椅可以供同伴休息，非常人性化。

图 1-53 楼梯

↑方形钢管焊接楼梯，采用垂吊悬空构造，铺装染色实木板，造型简洁，考虑到使用频率不高，宽度设计在 1m 左右。

图 1-54 装饰墙

↑将木质板材切割成三角形，在墙面上拼接成型，错综排列的木质纹理形成肌理对比效果。

图 1-55 大门

→仿古建筑的圆拱大门与半圆形如意台阶具有强烈的欧式古典风格，仅保留中央一扇大门，给服装店的空间做出了明确定位，意在表达引导少量消费者进店消费。

1.6 细部改造，动线简洁

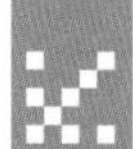

空间档案
使用面积：727m^2
商业性质：鞋履商店
室内格局：储藏室、品牌展示区、卫生间
主要建材：复合木地板、饰面板、马赛克墙砖、乳胶漆、细木工板

★改造前→

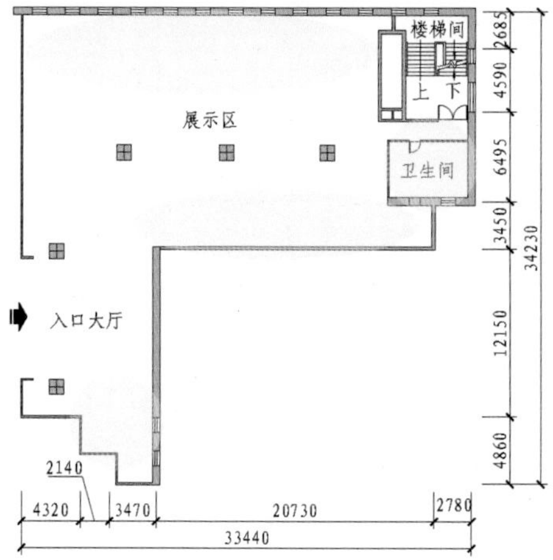

图 1-56　改造前平面

↑框架结构是商业空间中比较常见的建筑结构，框架结构能灵活改变室内分区与动线走向。原毛坯空间没有过多隔断，作为鞋履商店，必须要有足够的空间来堆放库存，因此需要划分出一块隐藏的封闭空间。入口大厅右侧的空间凹凸不平，明显不适合陈列鞋履，但是这个空间的面积不小，可以考虑该如何合理利用这片区域。

★改造后→

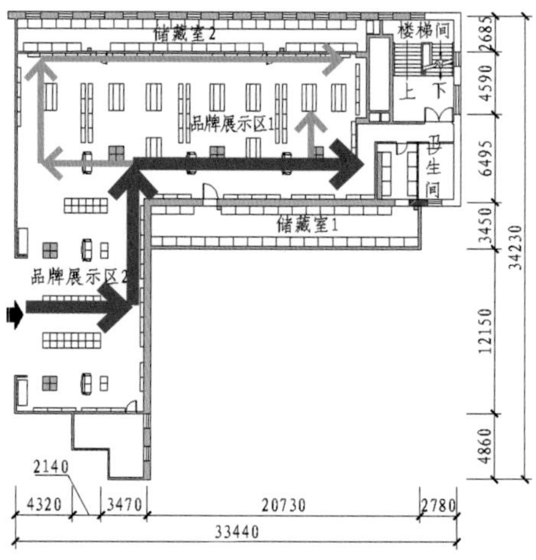

图 1-57　改造后平面

↑对空间重新进行划分，增加了储藏室，让货物摆放更加有序。

丰富储藏

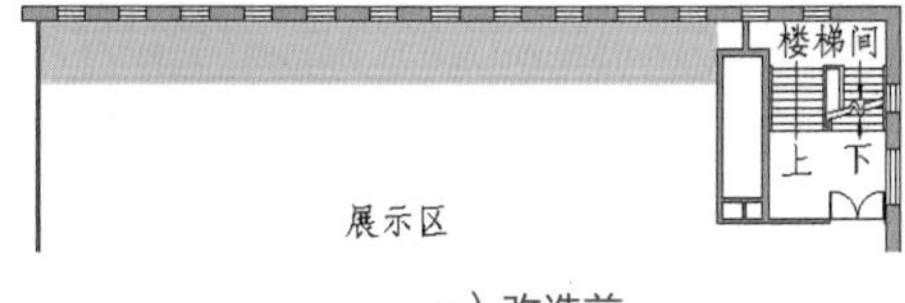

a）改造前　　b）改造后

图 1-58　增设储藏室

↑鞋履店需要较大库存空间，为了整体平衡，储藏室的选址应当在边角处。因此在方案中将靠窗一侧的空间围合起来，做成了储藏室。

细化空间

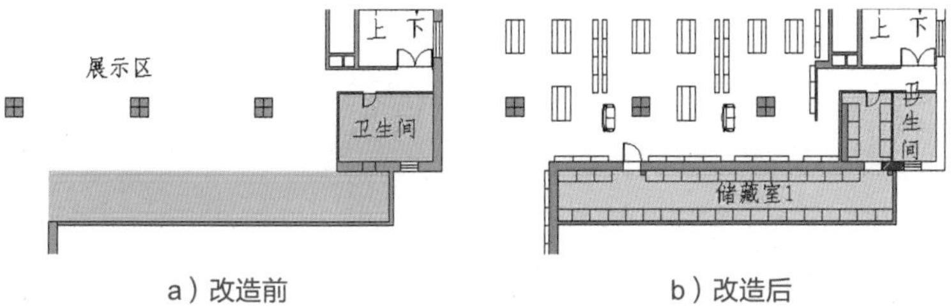

a）改造前　　b）改造后

图 1-59　细化分区

↑鞋履店不需要过大卫生间，只需一个小卫生间供员工使用即可，可以将多余空间与下方新规划的储藏空间打通，增加储藏室面积。

规整格局

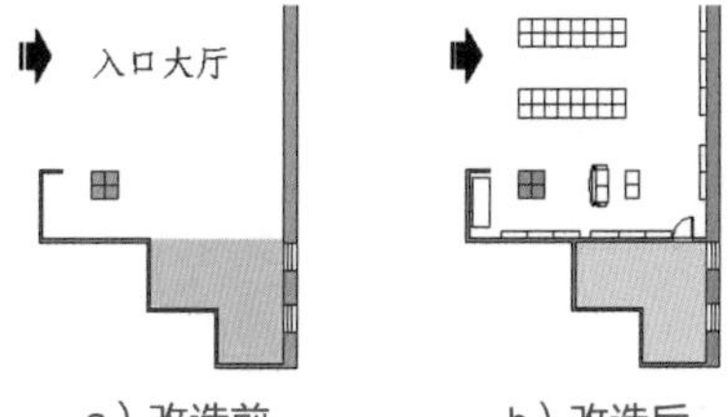

a）改造前　　b）改造后

图 1-60　空间隐藏

←根据整体的格局来看，整个营业空间被规划得方方正正，因此为了能够和大环境相匹配，让入口大厅右侧的这块凹凸不平的空间被一道墙隐藏，将其改造成员工休息室和办公室。

图 1-61　展示台柜与货架

→储藏室采用隐形门，门与货架相融合，完全看不出干净利落的空间后面堆积了满满的货物。货架的选择与摆放十分讲究，高低错落，能够引导消费者围着商品行进。

图 1-62　走道形态

→整个商业空间被规划得很方正，将边角空间隐藏后，看起来十分干净利落。动线规划清晰明朗，主动线、次动线相互连接，能够引导消费者到空间的各个角落，基本做到了无死角。

图 1-63　立柱装饰

→框架结构的承重柱披上一层马赛克墙砖之后不仅没有阻碍到动线，反而成了主动线上一道不错的风景。承重柱在经过一番改造之后，还成了陈列货架，展示当季爆款产品。

图 1-64　展陈台架

←商品展陈台架具有不同高度，较高的台架位于组合台架中央，在交通动线中处于核心位置，多用于展陈中高端商品。

第2章

动线作用来了解：一点就透

学习难度：★★☆☆☆

重点概念：突出、分隔、灵活、一体

章节导读：动线的作用是让消费者知道自己处于什么位置，要去什么位置，要让消费者能与商品、货架、家具、空间区域产生互动。

2.1 动线作用

动线的作用主要分为三大点，一是能让空间中的每个角落发挥最大价值；二是能够带给消费者最舒适的体验；三是能够突出主题，充分展示商品。

2.1.1 发挥空间价值

繁华的商业空间可以说是寸土寸金，因此用动线将每一个角落的价值体现出来就显得尤为重要。让每一个角落都体现它的商业价值，让投资业主效益最大化是终极目标。

想要发挥空间价值就要考虑店铺的主要空间和次要空间，要放大亮点，让一两个亮点带动整个商业空间（图 2-1）。

2.1.2 舒适客户体验

商业空间除了要让投资业主有收益，还要让消费者有舒适的消费体验，不仅要关注交易过程，还要关心消费者在整个消费过程中的体验感。

商业空间要盈利就要刷客流，刷客流最简单的方法就是将动线设计为不走完就出不去的形态，这就能使消费者不得不在这条动线上走一遍，浏览所有店铺。这种方式虽然带来了客流，但是消费者的体验却很差。

与之相反的是，设置灵活的动线分支，让消费者能够自由自在地去自己想去的地方，不用被动行走。这种方式虽然在消费引流上差一些，但是如果在动线设计上做一些适当的暗示引导，一样能够起到引导消费的作用（图 2-2）。

图 2-1　最大化利用空间

↑建材超市的空间利用率很高，要在有限的空间中存放尽可能多的建材，多向高度要空间，这种利用方式能将储存量提高到单层的 4 ~ 6 倍。同时，空间向高处发展了，走道的宽度也要相应拓宽，不仅要满足人的行走，还要满足运载车辆、器械的通行，动线呈井格化布局，预留宽度为 2.4 ~ 3.6m。

图 2-2　消费引流

↑仓储式超市的动线设计多为井格化，但是有明显的主动线与分支动线。促销商品都集中在主动线上，分支动线上根据区域来分类展陈商品，部分商品会与主动线上的商品重复，给消费者带来重复记忆，达到引导消费的目的。

2.1.3　突出主题、展示商品

在动线的设计上除了要灵活大胆外，明确主题也不可或缺，呆板的空间会让人乏味，因此要给不同的空间赋予不同的个性。动线设计如果能够融入趣味性，就能增强空间与消费者的互动性，延长消费者逗留的时间。

商业空间最终的目的还是销售商品，因此在设计动线时，要注意让消费者将目光聚集在商品上，让消费者对商品和服务提起购买欲望。突出主题最简单的方法就是将商品集中堆放，形成有序的密集排列状态，其中也要突出部分热销商品，让消费者在选购时有心理上的安全感（图 2-3 ~图 2-5）。

图 2-3　突出餐具

↑餐饮空间的菜品是即时消费品，可以将餐具排放在桌面上，形成密集的陈列效果，让前来用餐的消费者在心理上产生安全感，认为来用餐的肯定不止自己。

图 2-4　密集排列的货架与走道

↑将商品紧密排列在货架上，再将货架集中靠墙或窗，并设计分支动线，与主动线形成呼应。常销商品靠墙，热销商品居中，这样能充分利用走道空间。

图 2-5　纵向高度展陈

↑主动线上的商品展陈多为纵向摆放，即将一种商品从高到低竖向重复摆放，方便消费者在动线行走过程中快速浏览、比较商品，在心理上暗示消费者该商品路过就不再有。

2.1.4 动线案例解析

传统花店重在单一销售，加入时尚生活元素能提升销售额。店面招牌采用彩色涂层钢板，装饰构造也较简单。深黑色招牌是为了突出红色亚克力发光字，这样搭配不仅新潮而且醒目（图 2-6 ~图 2-11）。

室内装饰以田园风格为主，采用实木材料，强化灯光照明。商品种类繁多，不再限于传统鲜花，而是加入了更多的绿色观叶植物，并同时售卖种培工具，这些都使店内陈设富有生气。小面

图 2-6 店面造型设计

↑外部招牌简洁有层次，店面名称向外突出，结构更加醒目，门前整齐放置各种绿化植物，引导消费者进店。门前预留停车位满足装卸货的需要，运用大面积玻璃幕墙与地弹簧玻璃门，引导店内深度空间采光。

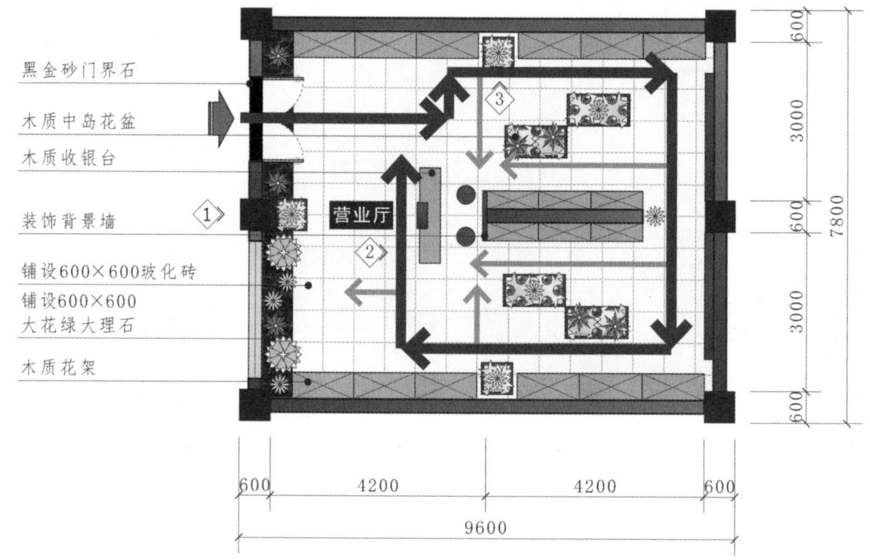

图 2-7 平面布置图

→中岛式布局形搭配重货柜，方便消费者在店内自由穿梭，各种新奇的花草商品不断吸引着消费者的目光，让消费者在短时间内参观完店内各个角落。

积店面装修的创意还来自于经营商品的种类，种类繁多的店铺容易设计，种类单一的店铺可以将有限的商品细化分类。

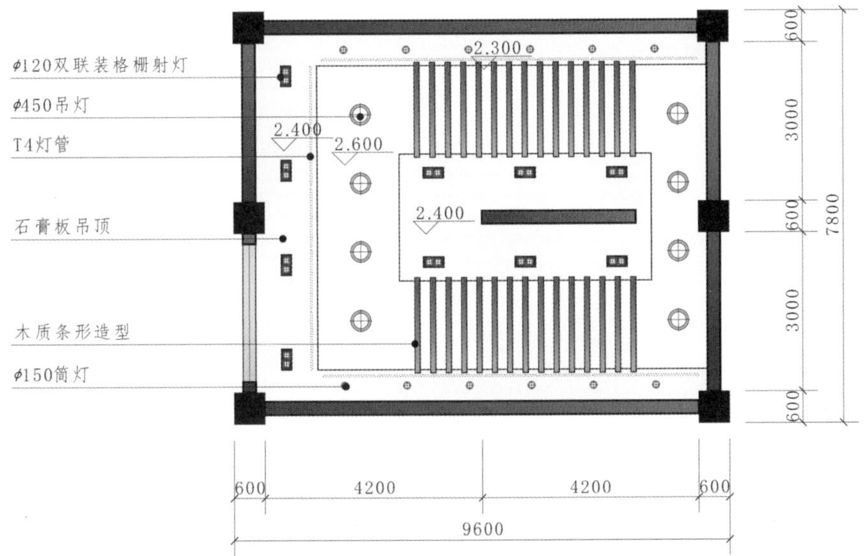

图 2-8 顶棚布置图

←梁架造型吊顶模拟出花架与长廊的造型，让消费者有身临其境的感受。

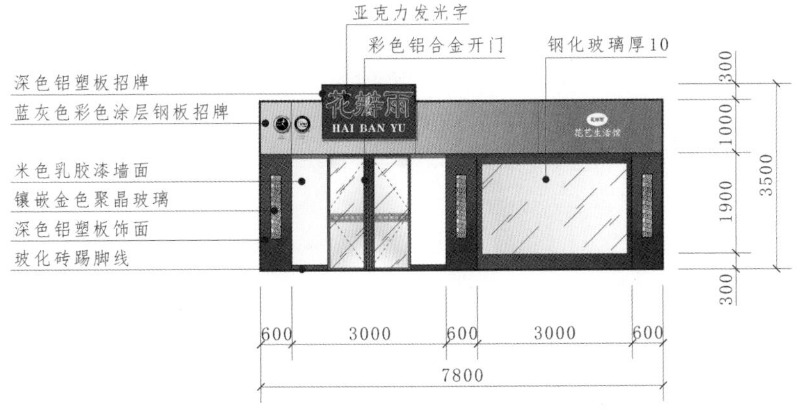

图 2-9 店门口立面图

←店面招牌设计有多个层次，形成强烈的立体效果。

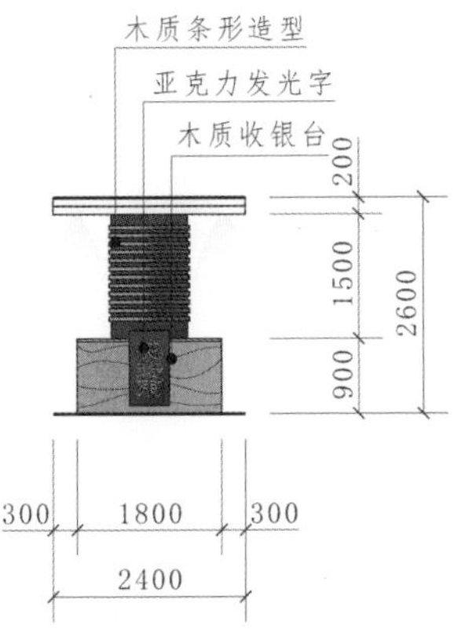

图 2-10 收银台立面图

↑深色木质条形造型方便挂置各种花草植物。

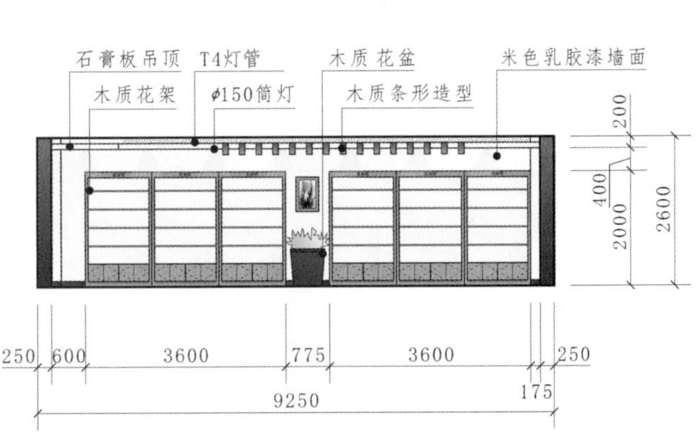

图 2-11 货架立面图

↑靠墙货架呈开放状，能陈列大量花草商品。

2.2 功能重叠，享乐空间

空间档案

使用面积：230 m²

商业性质：服装店

室内格局：休息区、服装展示区、试衣间、卫生间

主要建材：钢化玻璃、地砖、胶合板、乳胶漆、墙纸、细木工板

★改造前→

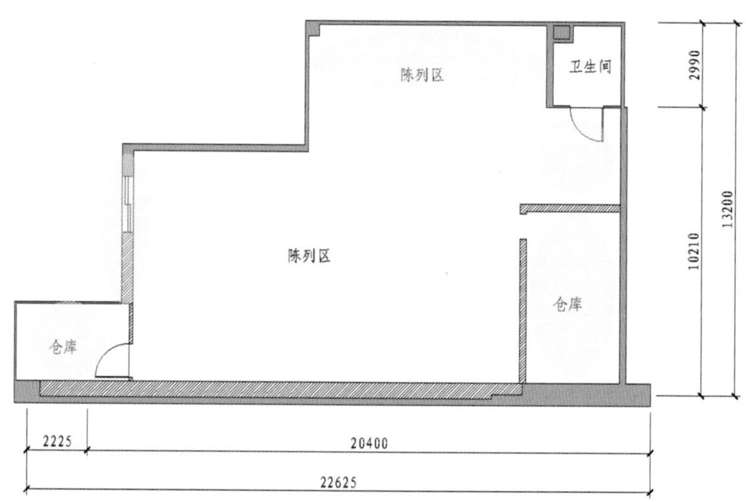

图 2-12　改造前平面

↑这家商业空间的前身是一家鞋履商店，有两个不小的封闭空间做仓库，但就服装店来说，不需要太大储藏空间，因此两个仓库就没有存在的必要了。卫生间与陈列区之间没有任何的遮挡或是过渡空间，目前卫生间还处在主动线上，显得非常不雅观。与鞋履商店不同的是，服装店的试衣间是不可或缺的。

★改造后→

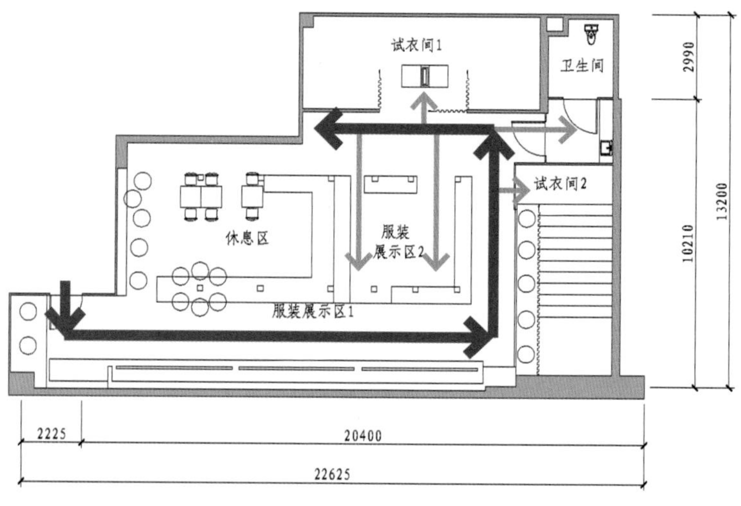

图 2-13　改造后平面

↑改造后所有空间都被打开，形成开放式格局，功能区彼此交汇。

入口变迁

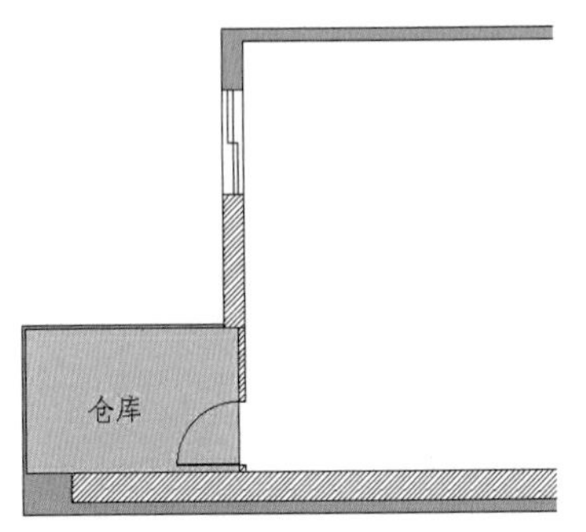

a）改造前

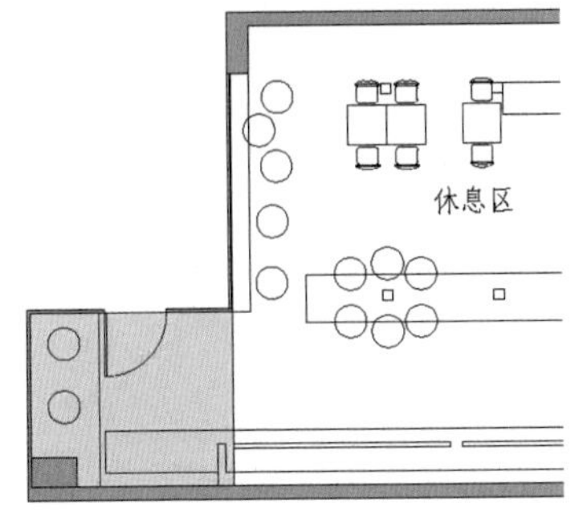

b）改造后

图 2-14　细分入口

←拆除原本仓库与陈列区之间的墙体，更改入口的位置，调整主动线的行进方向。将原本入口一侧的实墙拆除，安装落地玻璃，以便让行人能够一眼看到室内商品。

遮挡空间

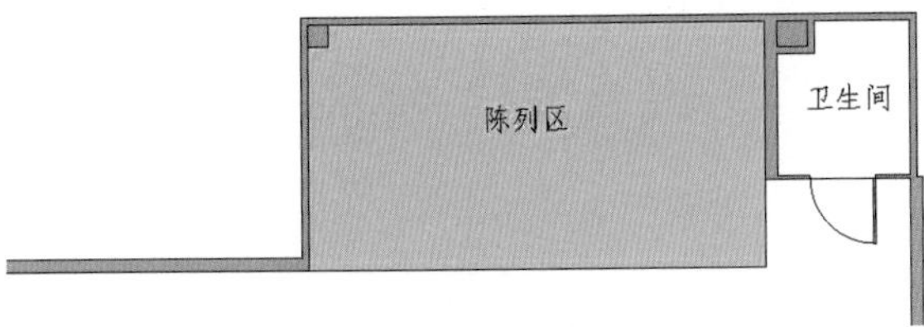

a）改造前

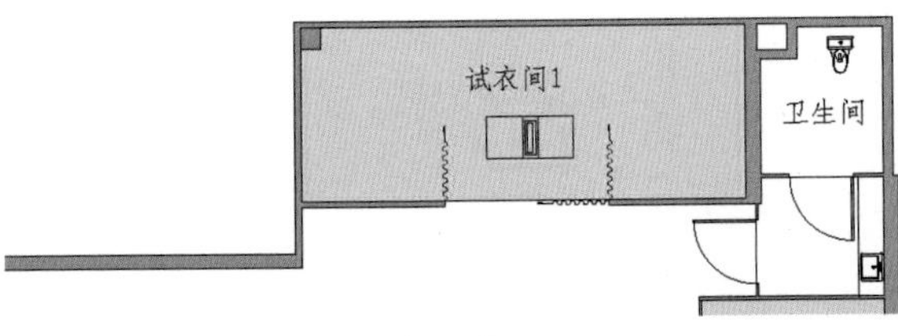

b）改造后

图 2-15　一分为二的试衣间

←在原卫生间旁的陈列区砌两道墙体，分隔出试衣间，同时也对卫生间做了遮挡，将其从主动线上剥离。

移墙改线

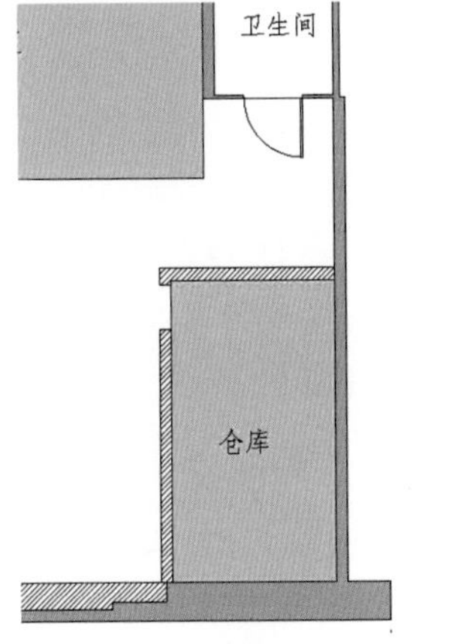

a）改造前

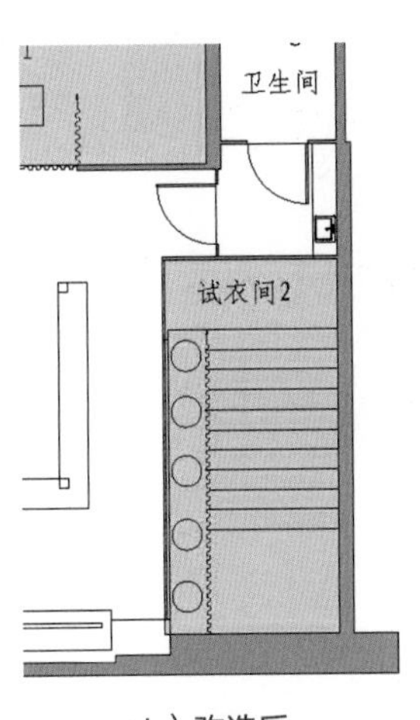

b）改造后

图 2-16　扩大空间

←将原卫生间与仓库之间的墙体向卫生间方向移动 1.5m，形成一处宽敞的试衣间，同时在试衣间 2 与卫生间之间增加封闭小仓库。

图 2-17　多元化空间

←该空间不仅是一家服装店，也是一家休闲交友店，人们在店内既可以购买衣物也可以玩休闲桌游。因此该店铺的前面是休息区，后面是服装区。布置休息区的目的是让购物劳累的消费者有歇脚的地方，而消费者在休息交谈时又会不由自主地关注到店内商品，从而达到销售目的。

图 2-18　采光落地玻璃

←更改入口位置不仅让仓库空间被很好地利用起来，临街的落地玻璃也能够吸引更多行人进店消费。

图 2-19　展陈台架

↑充满趣味的商品陈列展示架规划出了“回”字动线，引导消费者行进。

图 2-20　梁架结构

↑梁架结构限定的区域让该店铺在千篇一律的展示中脱颖而出。

图 2-21　店面一角

↑利用边角空间设计座席区，拓展店内功能，引导消费者二次消费。

2.3 新意展示，无形引导

空间档案
使用面积：190 m^2
商业性质：服装店
室内格局：服装展示区、试衣间、仓储生活区
主要建材：钢化玻璃、复合木地板、地砖、胶合板、乳胶漆

★改造前→

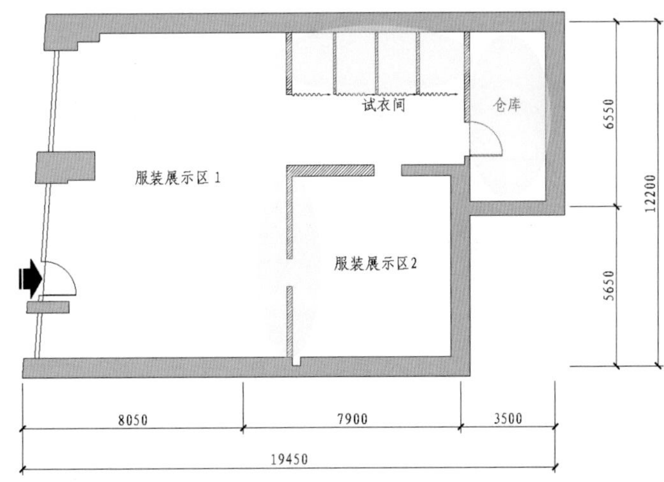

图 2-22　改造前平面

↑两个服装展示区被分开，动线显得比较复杂，被分隔的服装展示区 2 如果不加以引导，被消费者忽略的可能性很高。试衣间的位置相对于服装展示区 1 来说是比较隐蔽的，但是又处于服装展示区 2 的主动线上，没有照顾到消费者的隐私。

★改造后→

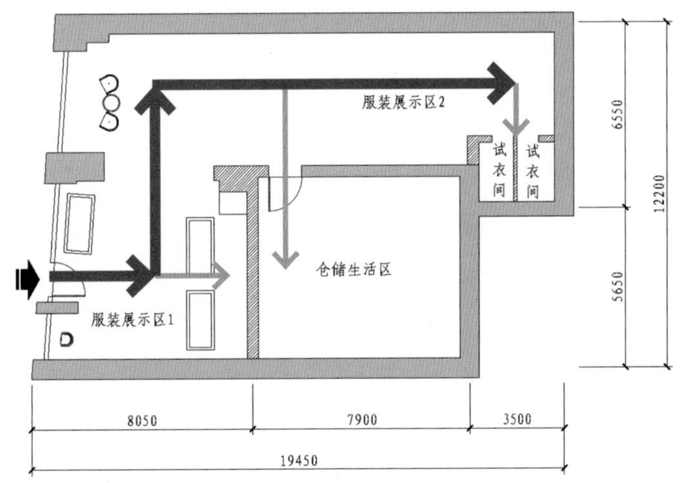

图 2-23　改造后平面

↑重新规划布局，大门入口处的服装展示区 1 具有围合感，独立于服装展示区 2，将试衣间设计在最内侧，具有隐蔽性。

入口改良

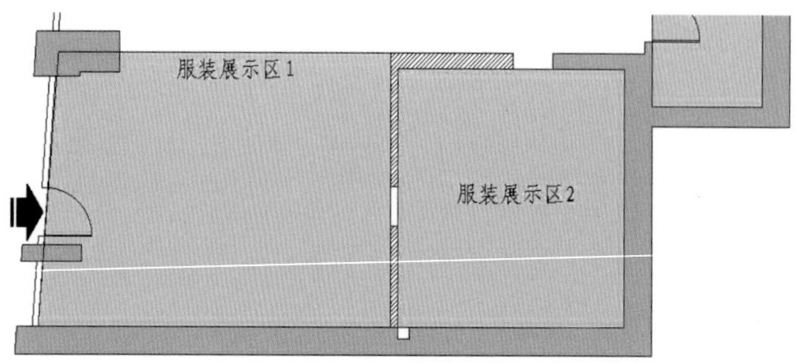

a）改造前

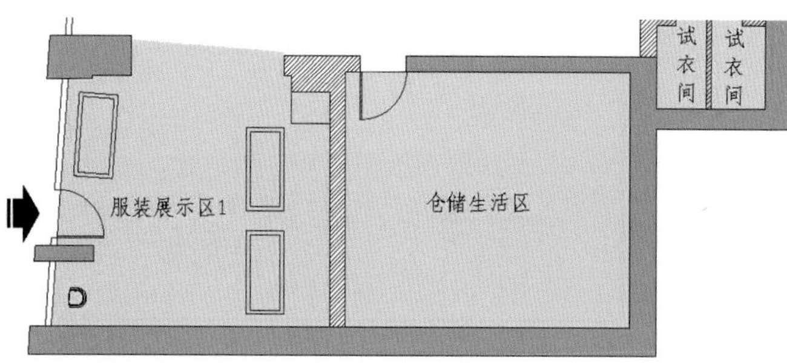

b）改造后

图 2-24　提升入口围合感

←对功能分区进行大整改。将原服装展示区 2 拓宽 2m，改成封闭的仓储生活区。在入口处设置收银台及促销商品展示柜。

增强隐私

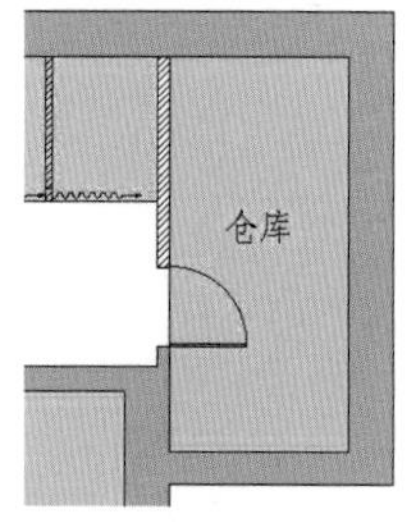

a）改造前

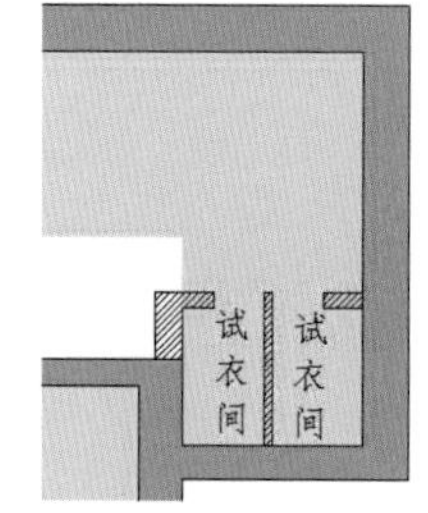

b）改造后

图 2-25　仓库改试衣间

←拆除原仓库与试衣间之间的墙体，在角落分隔出两个小试衣间，处于动线末尾的试衣间充分的尊重了消费者的隐私。

拓宽空间

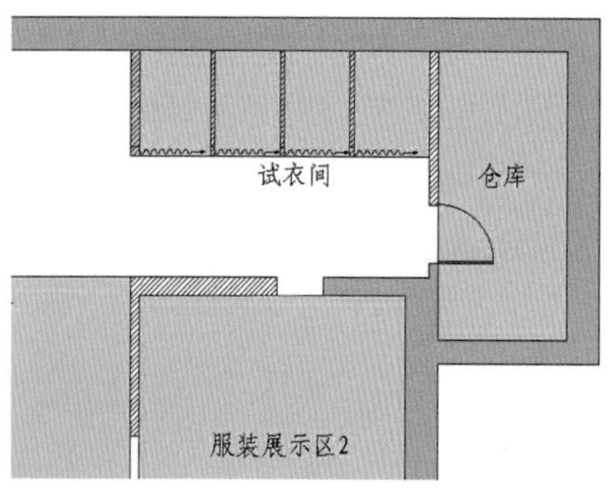

a）改造前

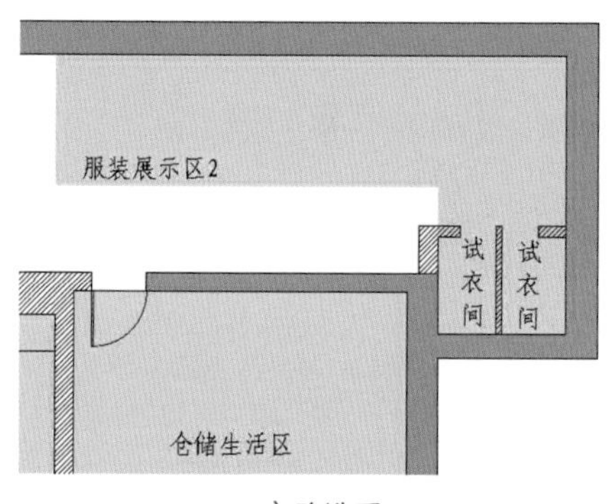

b）改造后

图 2-26　拓展服装展示区

←拆除原试衣间的所有墙体，将这个空间纳入到服装展示区 2 中，这样不仅扩大了展示空间，也能让动线更完整，不零碎。

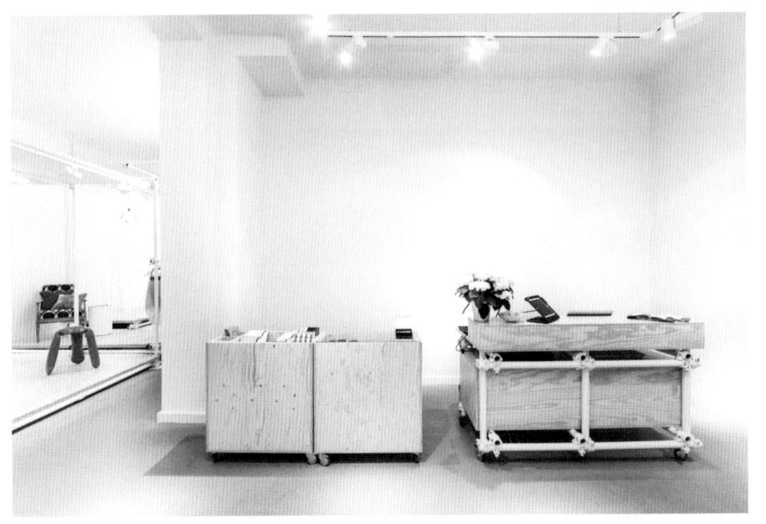

图 2-27　入口货柜与收银台

←入口的动线简单明朗，正对入口的收银台处于主动线上，方便商家照顾店面，促销商品摆在入口处，让人一目了然。

图 2-28　体验式橱窗

←橱窗没有做非常复杂的设计，反而还放置了休息座椅，营造了一种轻松、愉快的氛围，能够让消费者有宾至如归的感觉。时尚单品的摆放也十分讲究，引导坐在休息区等待的人对其产生购买兴趣。

图 2-29　高低错落的服装展陈

↑服装展示区 2 的布置充满了乐趣，有意为之的地台设计高低错落不平，让人产生新奇感。货架的摆放也故意错开，形成“S”形的动线。

图 2-30　中岛货架

↑中岛货架引导消费者无意间接触更多商品，刺激消费者的购买欲。

2.4 空间分隔，引领潮流

空间档案

使用面积：279 m^2

商业性质：品牌店

室内格局：品牌展示区、卫生间、储藏间、茶水间、试衣间、观景阳台、楼梯间

主要建材：仿古地砖、乳胶漆、文化砖、墙纸、复合木地板

★改造前↓　　　　↓改造后★

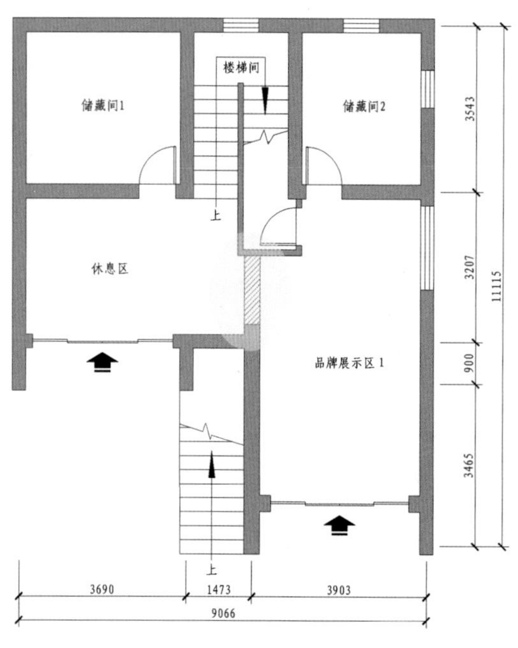

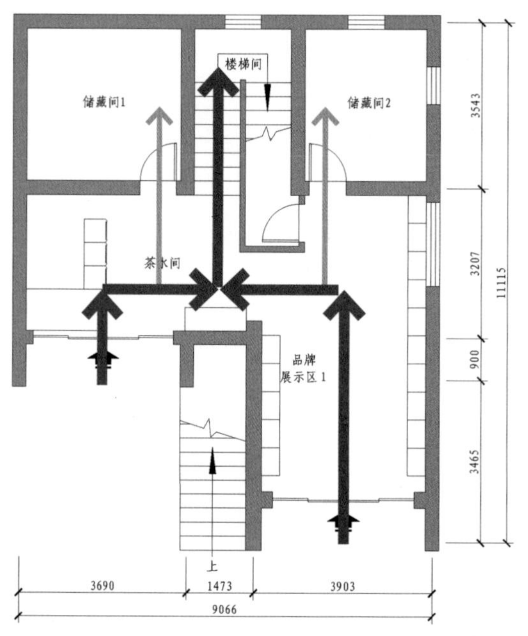

图 2-31　一层改造前平面

↑改造前的室内空间被分为左右两个部分，左右空间被隔墙分离，将一个完整的空间划分得很零碎，简单的动线也因此变得复杂，如果不是有特殊的使用功能，隔墙没有太多存在的必要。原休息区作为一个半开敞的空间，定位不明，改造时需根据具体环境需求，决定该空间是做开放处理还是闭合处理。

图 2-32　一层改造后平面

↑将原本空旷闲置的空间充分利用起来，变成茶水间，给员工和消费者提供休闲空间。一层空间大多比较潮湿，在改造时要进行防水防潮处理，主要施工方法是在基础墙面、地面上满涂防水涂料，地面全面铺装防水卷材。

★改造前↓

↓改造后★

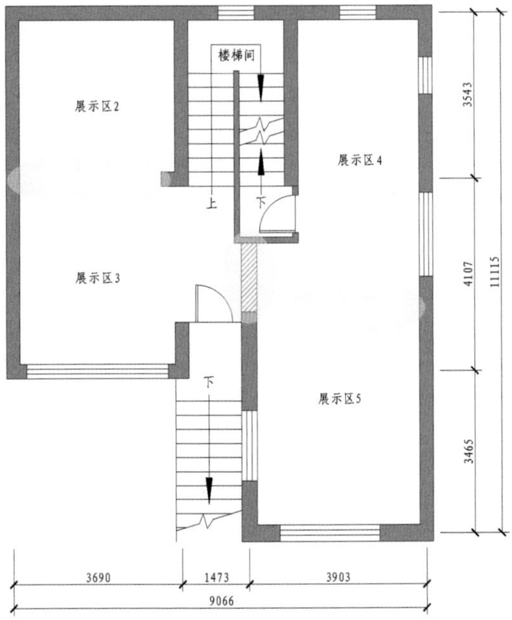

楼梯间
展示区2
展示区4
上
下
展示区3
下
展示区5
3543
4107
11115
3465
3690
1473
3903
9066

图 2-33　二层改造前平面

↑该空间的前身是一家私人画廊，因此比较空旷，没有过多的隔断。

楼梯间
展示区2
展示区4
展示区3
展示区5
3543
4107
11115
3465
3690
1473
3903
9066

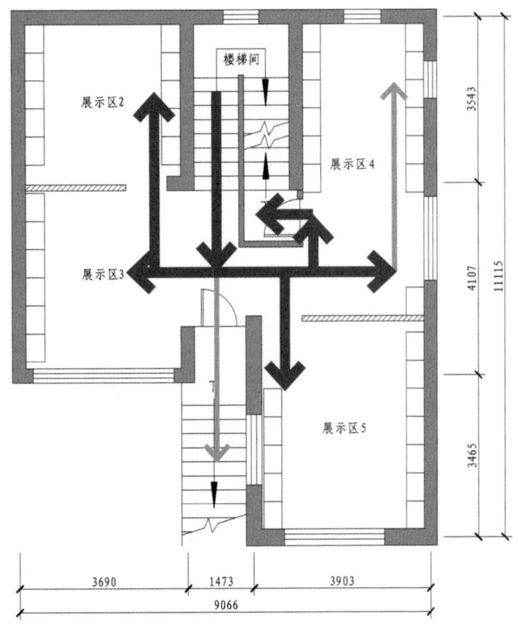

图 2-34　二层改造后平面

↑明确主题定位，根据主题来对动线进行组织设计，划分多个功能区，对商品进行分区展示。

楼梯间
卫生间
品牌展示区6
下
品牌展示区7
观景阳台
3543
4107
11115
3465
3690
1473
3903
9066

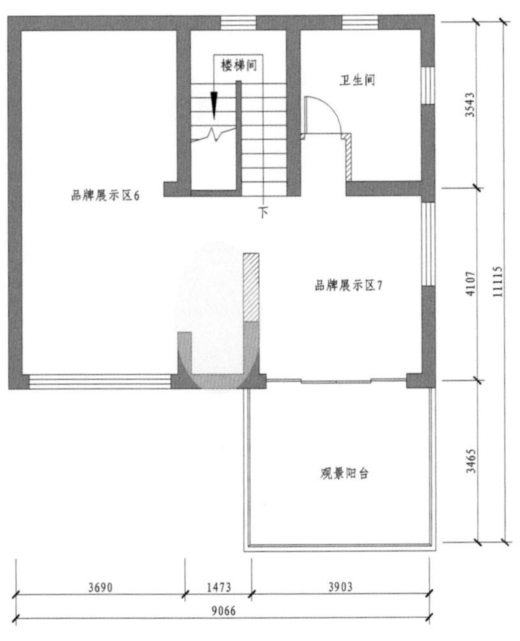

图 2-35　三层改造前平面

↑室内品牌展示区之间的隔墙有些多余，小空间没有得到利用。

楼梯间
卫生间
品牌展示区6
品牌展示区7
试衣间
观景阳台
3543
4107
11115
3465
3690
1473
3903
9066

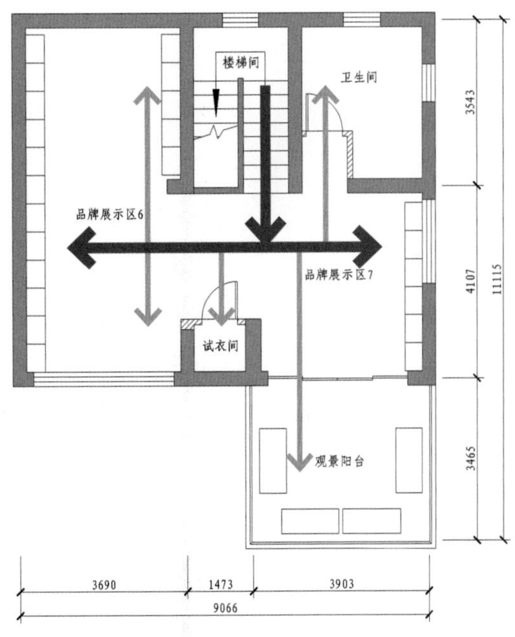

图 2-36　三层改造后平面

↑将品牌展示区之间的隔墙拆除，增加了试衣间。

连通空间

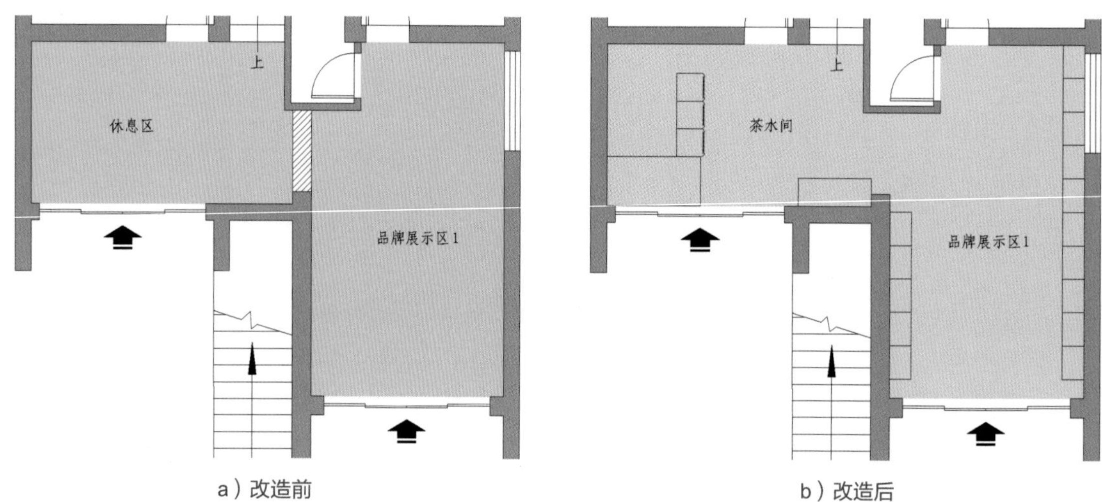

图 2-37　拆除隔墙

↑拆除休息区与品牌展示区 1 之间的隔墙，做成开放式茶水间。茶水间与品牌展示区 1 连通后，整层空间的适用性得到增强，但是一层的墙体不要过多拆改，避免破坏建筑结构。

分区细化

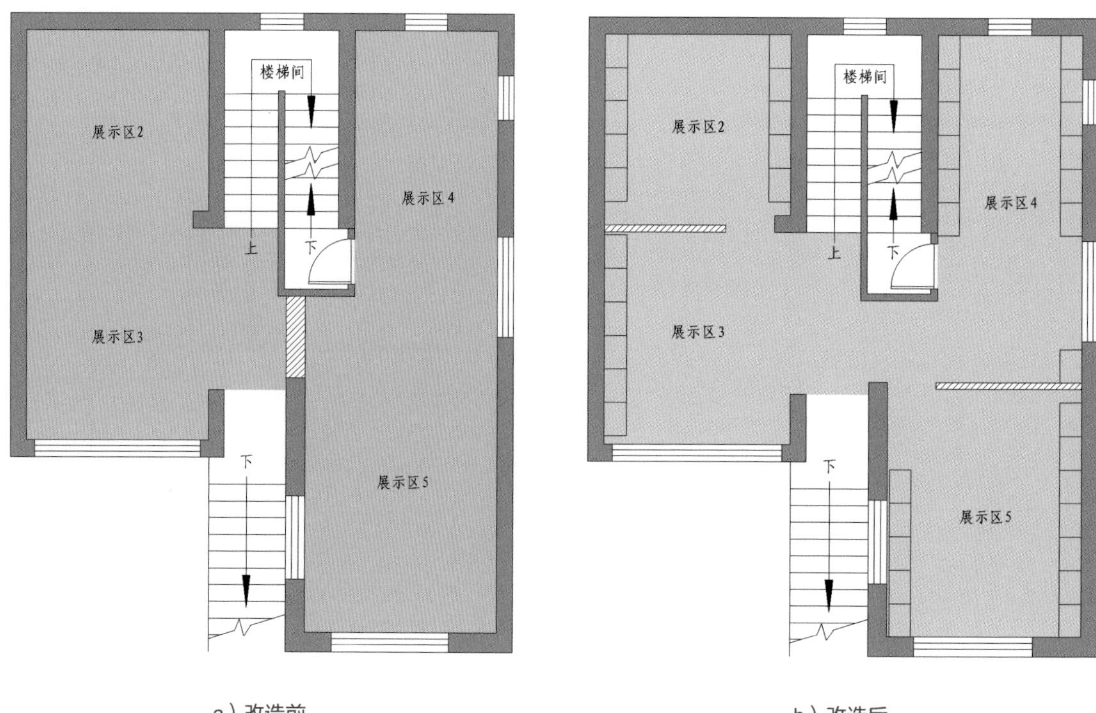

图 2-38　细分空间

↑在展示区 2 与展示区 3 之间增加隔墙，在展示区 4 与展示区 5 之间增加隔墙，拆除中央隔墙，让室内各空间之间既有区分又有联系。

规整空间

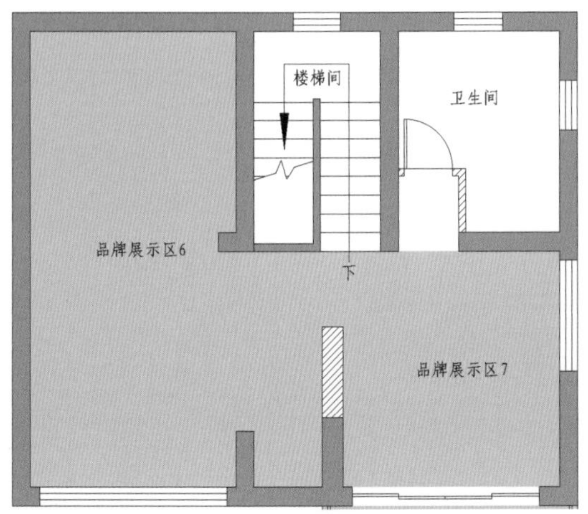

a）改造前

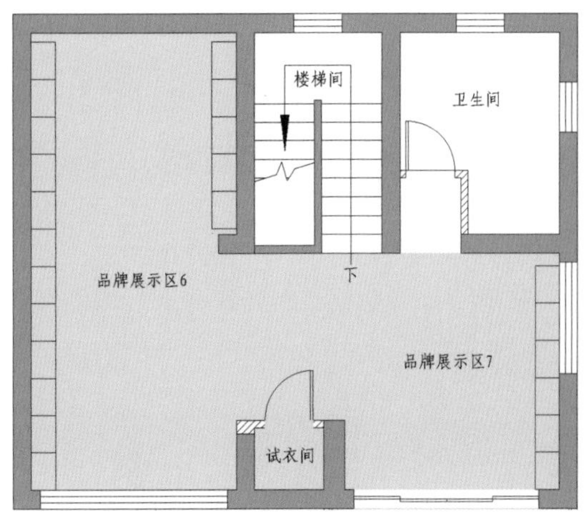

b）改造后

图 2-39　规整空间

↑除了拆除隔墙外，还利用剪力墙构造增加了一个试衣间，让三层的空间形态变得更加规整，让整个三层空间的动线更自由。

图 2-40　一层品牌展示区

↑品牌店的主题是怀旧，在装修设计过程中一直竭力追求空间最自然的状态，各个小空间展示的内容都不同，似乎是一个小型的品牌展览会。动线要做的就是连接一个又一个空间。

图 2-41　大门院落

↑由于是运动品牌，所以需要一片足够大的院落能让消费者在试穿时尝试运动，挑选适合自己的运动产品，将院落做成小运动场，也能呼应商家的品牌定位。

图 2-42　二层品牌展示区

←运用 LED 展示品牌故事，是一种非常常见的宣传方式，但是必然会占用一部分展示空间，此时应当对空间进行取舍。展示柜摆放在动线正中，能够让消费者全方位观察商品。

2.5 巧妙遮掩，艺术创造

空间档案
使用面积：200 m²
商业性质：潮牌店
室内格局：展示区、试衣间、艺术服务中心、设计中心、设计工作室、收银台
主要建材：实木地板、地砖、乳胶漆

★改造前↓

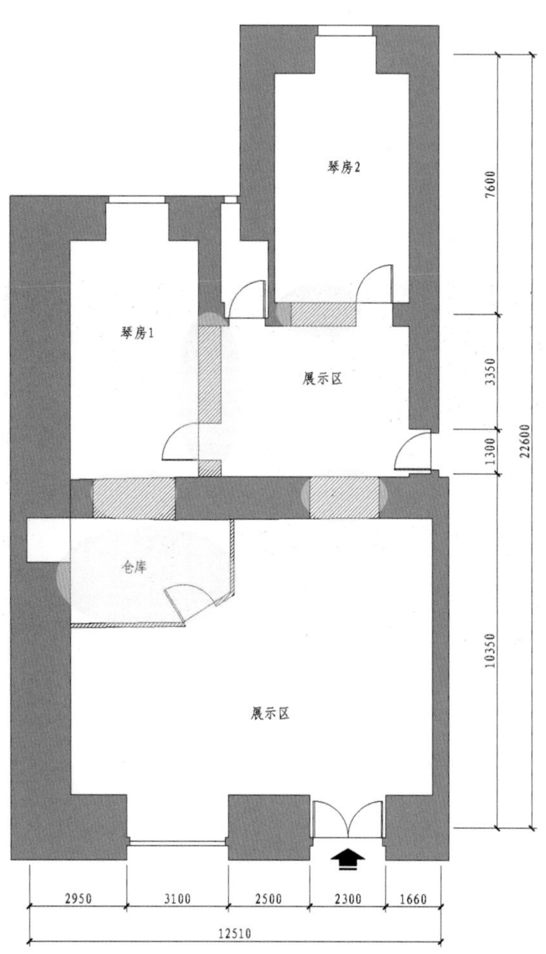

图 2-43 改造前平面

↑该商业空间的前身是分开的两家店铺，前面一家经营鞋履店，后面一家是乐器行，做乐器销售与声乐培训。两个独立空间面积都不大。鞋履店的格局很方正，同时区域划分也比较朴素，除了展示区外仅分隔出了一个小仓库，动线设计也十分简单明了。乐器行的区域划分就显得比较复杂，没有明确的动线规划。

↓改造后★

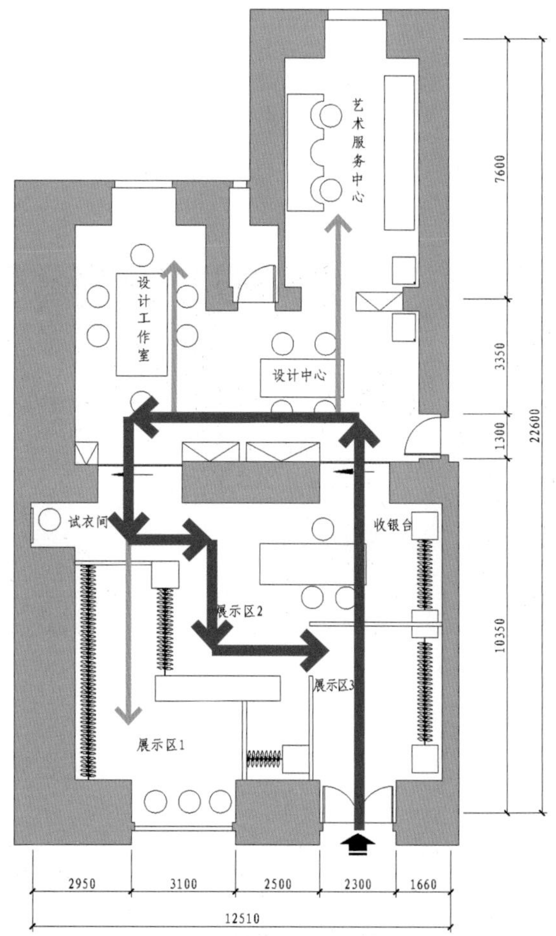

图 2-44 改造后平面

↑改造后将整体空间分为前后两大区域，前区为商品展示，又细分为多个展示区，推拉门后是服装工作室，根据消费者需求定制服装或修改服装。前后两区用两扇推拉门分隔开，形成即通透又分散的空间格局。前后区域动线均为环绕式，在面积并不大的空间中营造出丰富的视线效果。较厚的墙体不便拆除过多，防止建筑结构受损。

功能转换

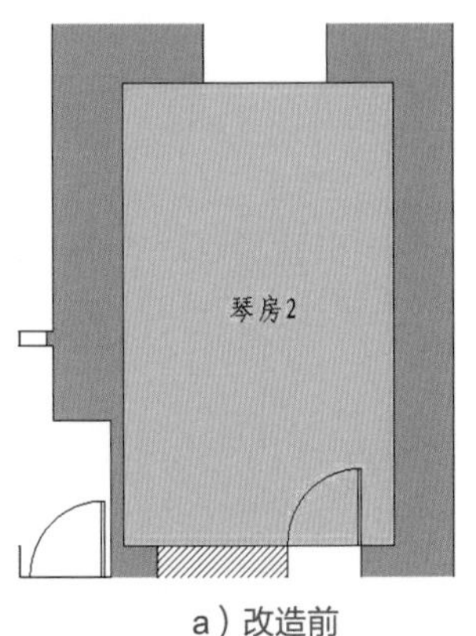

a）改造前

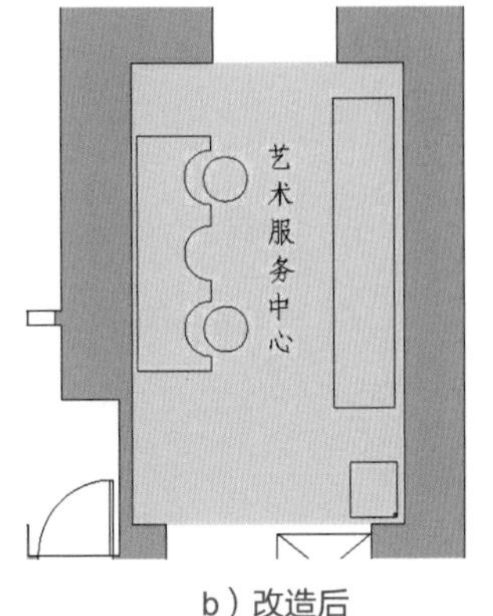

b）改造后

图 2-45　布局形式转换

←将原乐器行琴房 2 与展示区之间的墙体拆除，将两个独立的空间合并，将琴房的功能改成艺术服务中心。动线设计流畅，但设置上半遮半掩，做到即开放又隐秘。

动线顺畅

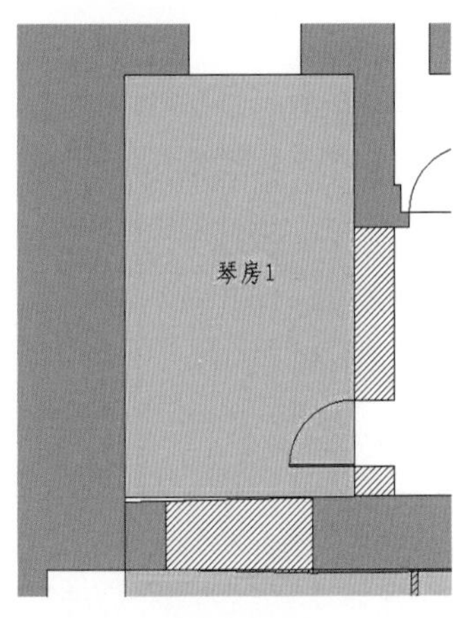

a）改造前

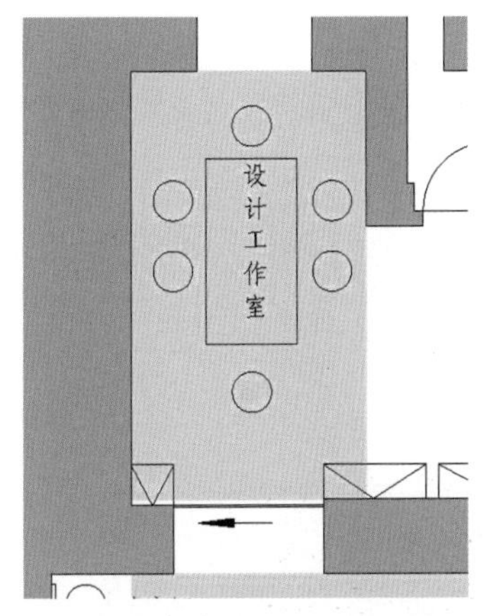

b）改造后

图 2-46　拆除局部墙体

←将原本乐器行琴房 1 与展示区之间的墙体也拆除，让设计工作室与设计中心连成一片，方便工作人员操作，简化工作动线。

图 2-47　拓展空间

↓拆除原鞋履商店仓库与展示区之间的墙体，将其合并成一个一体的空间，拆除原本仓库与琴房 1 之间的部分墙体，安装隐形推拉门，拆除原两个展示区之间的墙体，同样安装隐形推拉门。该门的作用主要是：后方工作人员在工作时可以拉上门，为工作人员创造一个安静的工作空间；不工作时拉开门，让前后两个空间成为一体，动线顺畅。

合二为一

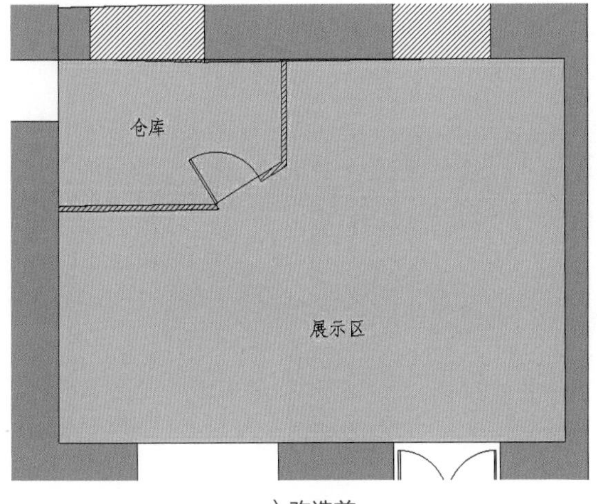

a）改造前

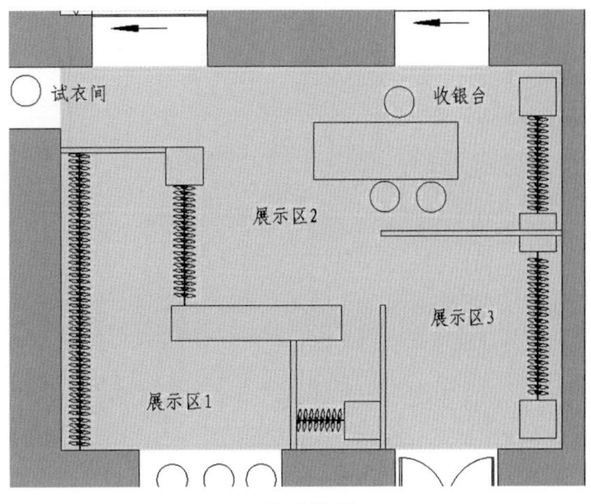

b）改造后

图 2-48　展示台

←店面装修追求简洁、大方、素雅，要符合品牌形象。店铺中的货架全部是私人定制，空间中动线的行进方向全部由货架进行引导，曲折迂回，配合商品展示，激发消费者的购物欲望。

图 2-49　艺术服务中心

←设计工作室与艺术服务中心能够根据消费者的要求进行量身定制，或对现有商品进行加工再创造，提供个性化服务。前后两个区域之间的动线设计有一种犹抱琵琶半遮面的感觉，让消费者对其产生好奇心理。

图 2-50　高低错落的服装展陈

↑店铺中的商品种类繁多，鞋帽衣包都有涉及，且分开布置在空间中的不同区域，这种设计手法的目的是让消费者能够接触更多的商品，从而达到销售的目的。

图 2-51　设计工作室

↑开敞的门洞便于消费者进入观看服装修改工作。

2.6 异国轻食，变动灵活

空间档案
使用面积：1172m²
商业性质：轻食咖啡厅
室内格局：仓库、大厅、休息区、卫生间、休息室、厨房、吧台、用餐区
主要建材：地砖、乳胶漆、钢化玻璃、胶合板

★改造前↓

↓改造后★

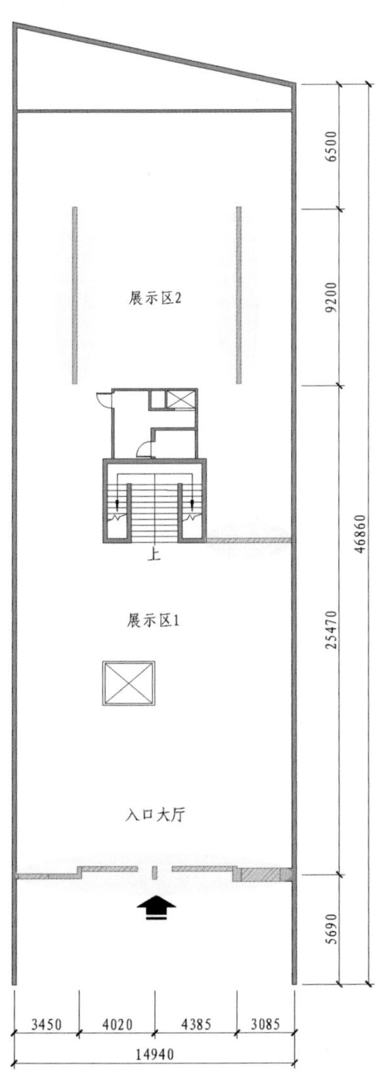

图 2-52　一层改造前平面

↑将原本的运动品商店改成轻食咖啡厅，要做较大改变，要对功能区重新划分并做动线设计。不需要橱窗，入口大厅的功能可以有更多考量。

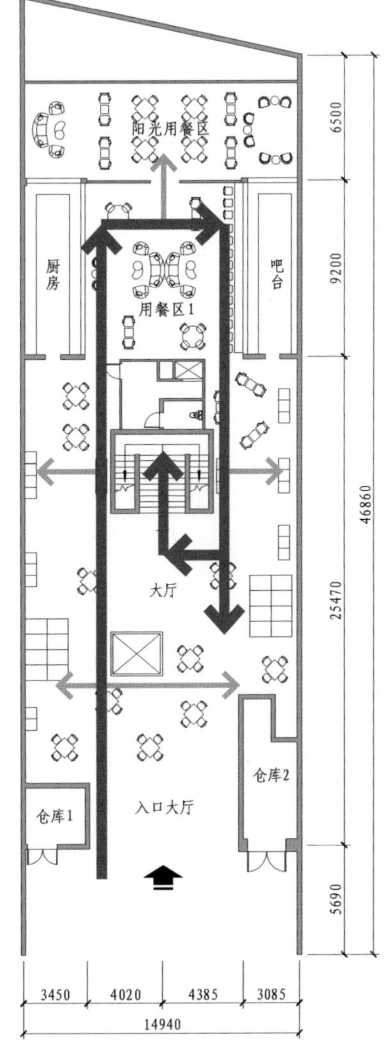

图 2-53　一层改造后平面

↑增加了厨房与仓库，大厅的座椅布置采取灵活多变的形式，可以根据需要增减座椅。消费者能分散就座，互不干扰。

★改造前↓

↓改造后★

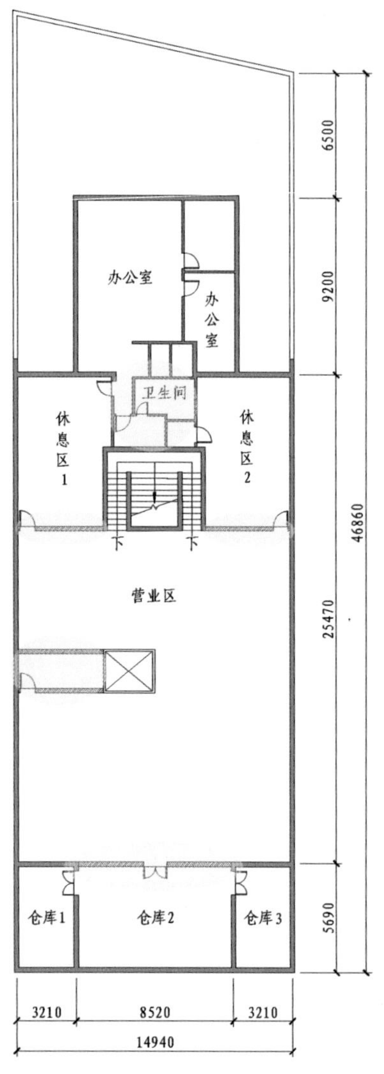

图 2-54　二层改造前平面

↑仓库的面积明显占了非常大的比重，可以适当缩减，将其重新规划利用。两个员工休息区对商业空间来说非常浪费，应当重新考虑如何做到物尽其用。改造成餐厅之后私人卫生间变成公用卫生间，应增加卫生间数量，方便消费者使用。

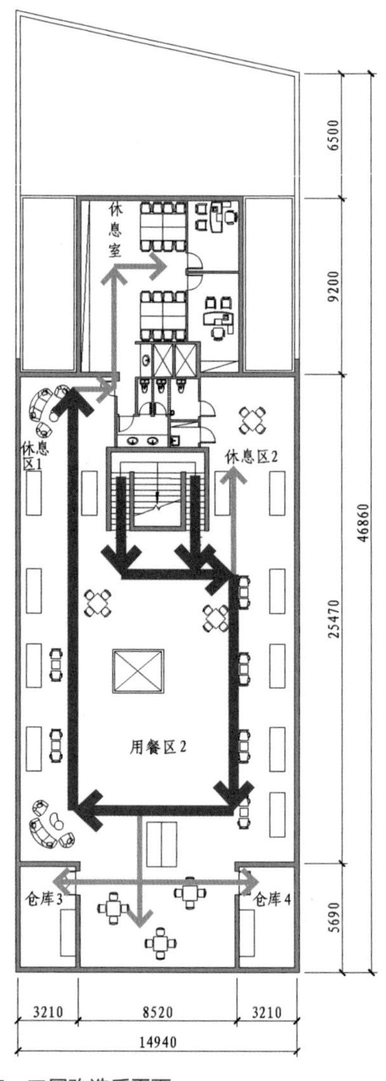

图 2-55　二层改造后平面

↑合理规划员工的休息室，补充辅助功能区，消费用餐的座椅布局更加灵活，二层适合追求自由、休闲的消费者用餐。

格局丰富

a）改造前

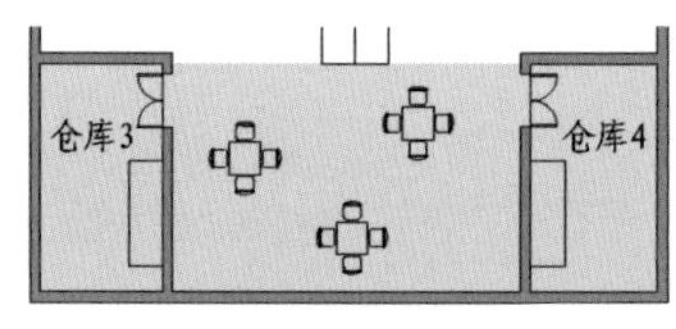

b）改造后

图 2-56　拓展空间

←拆除原仓库 2 的部分墙体，将其进行合理利用，将仓库 2 拓展到外部休息区，扩大休息空间动线通行区域。

动线顺畅

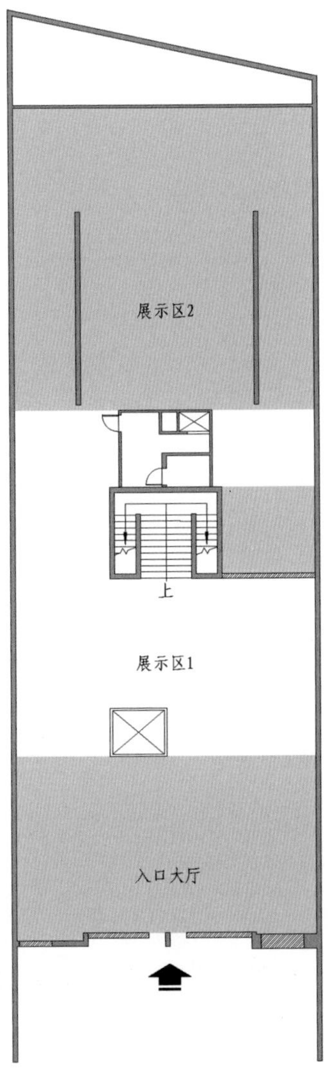

a）改造前

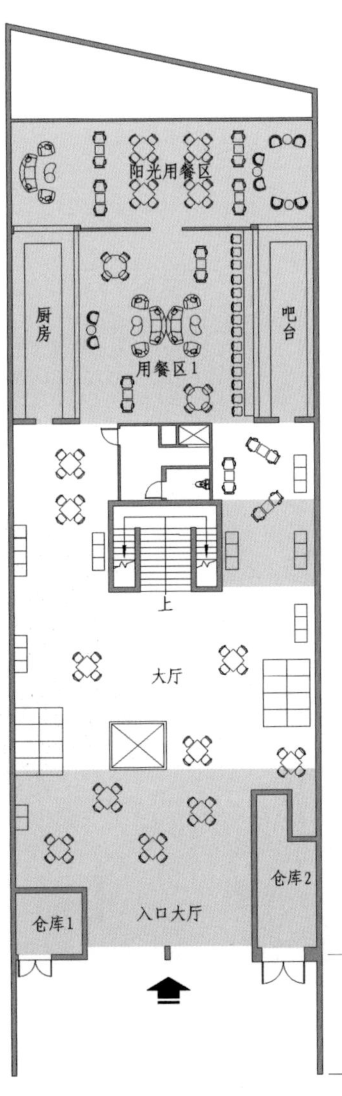

b）改造后

图 2-57 主体空间改造

←在原展示区 2 中两堵墙的基础上砌四道长 3m 的墙体，形成半封闭式的厨房和吧台。拆除楼梯间旁的墙体，让绕来绕去的动线变得简单明了。

C 开放空间

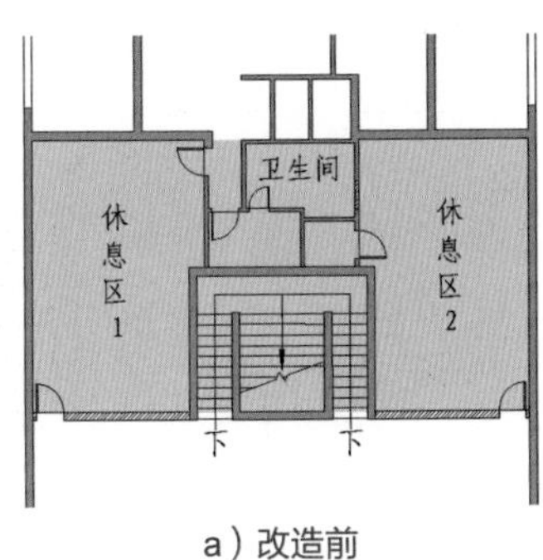

a）改造前

休息区1
休息区2
下
下

b）改造后

图 2-58 休息区与卫生间变更

←对原休息区与卫生间重新规划，休息区设计为开放式，卫生间空间更加细化了，将一处集中的卫生间变为男女分开独立的卫生间。

图 2-59　电梯间

←将原电梯间附近的墙体拆除，虽然独立的电梯摆在中间看上去有些不美观，但是没有了墙体遮挡，阳光能够直接从窗外洒满整个空间，与墙体一致的白色减弱了电梯的存在感。

图 2-60　用餐区

←拆除了原楼梯旁的墙体，让原本复杂的动线简单化，与楼梯一样形成了两条并列的行进动线。方便消费者来到用餐区。

图 2-61　阳光用餐区

↑将原展示区 2 分成了一个阳光用餐区、一个用餐区、厨房和吧台，既满足了消费者的需求，又让消费者在用餐时能够欣赏到美景，放松心情。

图 2-62　厨房格栅

↑厨房格栅具有识别性，方便消费者找到取餐的位置，固定动线走向。

2.7 内外一体，双重入口

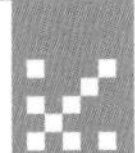

空间档案

使用面积：400 m²

商业性质：集合店

室内格局：休息区、展示区、收银台

主要建材：防腐木地板、花砖、镜面玻璃、乳胶漆、防滑地砖、墙纸

★改造前→

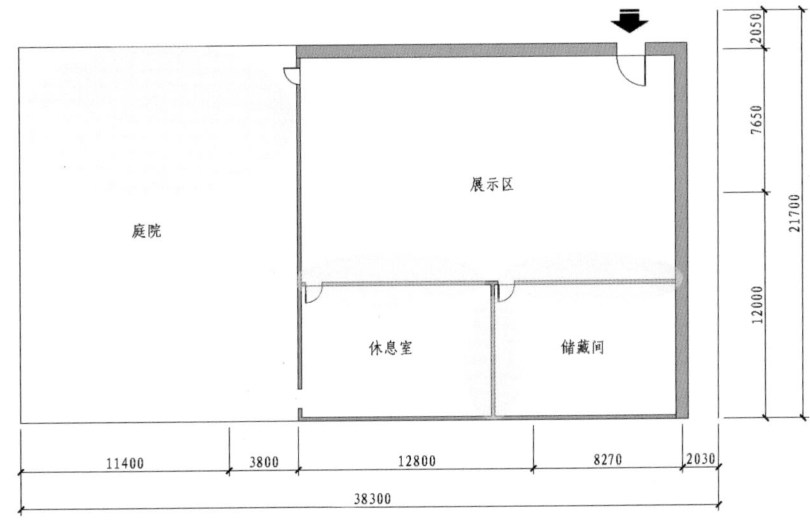

图 2-63 改造前平面

↑该空间分为室内空间和室外空间两部分，室外空间占了不小的比重，但在原本的方案中室外空间被划分为私人领域。室内空间的前身是一家便利店，需要足够的储藏空间，但现在它的性质是一家集合店，无须过大的储藏空间。

★改造后→

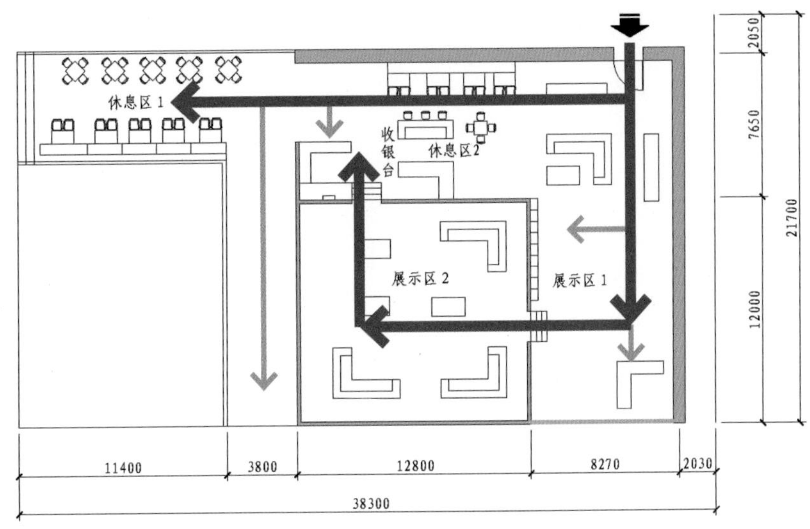

图 2-64 改造后平面

↑作为一家咖啡、服装的集合店，空间中留有一片充足的休息区域。

分离户外

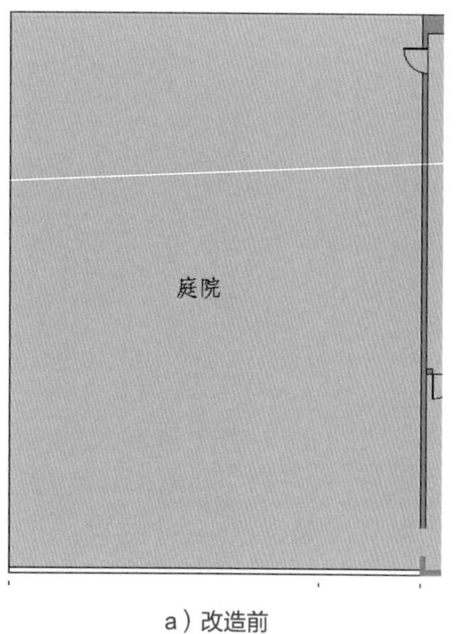

a）改造前

b）改造后

图 2-65　划分庭院空间
←将原展示区与庭院之间 0.9m 的小门扩大成 4.2m 的进出口。在原开阔的庭院空间之中修建两个木质回廊，做成室外休息区。

整合室内

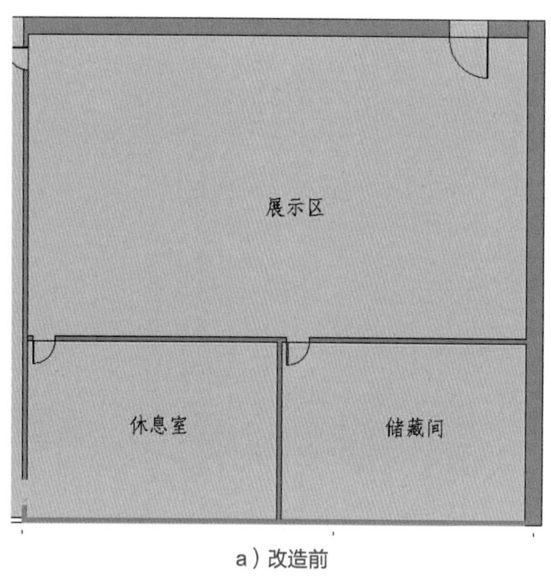

a）改造前

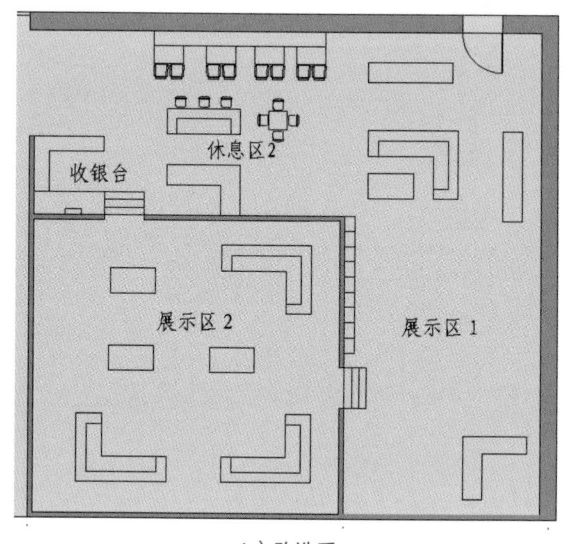

b）改造后

图 2-66　室内空间重新布局
↑拆除原休息室与储藏间之间的墙体，拆除原展示区与休息室以及储藏间之间的墙体并封闭原休息区与庭院之间的小门。在空旷的展示区中用墙围合出一个 12.8m × 12m 的矩形空间。在围成的矩形空间中开两个宽 1.6m 的门洞来连接内外空间。

图 2-67　室内休息区

←将收银台与操作区的位置设置在休息区 1 的入口处，这是为了能更好地照顾到休息区的消费者。

图 2-68　收银台

←收银台采用木质台板，围合性很强，不让嘈杂的操作环境吵到在展示区挑选商品的消费者。

图 2-69　展示区

←展示区的陈列设计十分灵活、自由，能够引导消费者在不知不觉中接触到更多的商品。集合店是一种新型商业经营模式，两种完全不同的商业类型结合到一起反而擦出了不一样的火花，但是在设计时要注意两种空间之间的动线布置与联系方式。

图 2-70　室外庭院

↑室外庭院有用阳光板制作的遮阳篷，摆放了面料沙发，中央通透的走道宽度保留 1.5m。

图 2-71　室外地台

↑座席位于砌筑地台上，具有良好的防水防潮功能。为保护大树生长，在树底围合地台，地台边缘与大树外轮廓保持 100mm。地台设计两级台阶，每级高 180mm，方便上下行走。

第3章

功能动线做引导：流畅连贯

学习难度：★★★☆☆

重点概念：流动、直观、引导、格局

章节导读：消费者在空间中的行为大多是一种有目的的活动，商业空间动线设计主要研究的是消费者的流动行为。在商业空间中，流动行为可以分成目的性流动与自由性流动。

3.1 动线引导

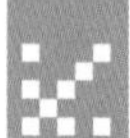

商业空间中消费者的流动行为主要分为目的性流动和自由性流动，目的性流动的空间设计得开阔，能满足消费者快速移动的需求，自由性流动空间设计得紧凑，疏密得当，能被消费者灵活把握。

3.1.1 目的性流动

目的性流动是指消费者在商业空间中面向消费目标移动，如目的明确地用餐、购物等。这类消费者在行动之前就已经有明确的目标。

有目的性的消费者，他们希望能够以最快的速度和最高的效率到达目的地，然后快速离开，他们会通过辨认标识找到最短的动线直达目的地，通常为两点一线的方式，动线形态多为“ I ”形或“L”形。所以这种动线设计就要求便捷、可达、高效。这种动线行为方式因商业空间的性质不同，出现的概率也不同，要事先进行调查，再开始设计（图 3-1 ~图 3-4）。

图 3-1　灯光投射

↑有展示形式的商业空间中，常将灯光投射到地面上，灯具上的灯罩内有遮板，能将图文信息精准投射到地面上，形成有目的性的动线标识。

图 3-2　超市中的走道

↑超市中的比较宽阔的走道宽度会达到 1.6m 以上，这些走道由整齐的货柜排列组合而成，有目的地引导消费者快速前行，深入到超市中分支动线的交叉口，再进行分流。

图 3-3　博物馆展陈动线

↑展陈动线设计要求较高，需要在有限空间内打造出更长的观展路线，延长参观时间，多会采用环绕式动线设计。

图 3-4　固定标牌

↑固定标牌会出现在主要动线走道旁，如电梯、楼梯旁，消费者会有目的地去看自己所在的位置，了解商业空间内的门店名称与方位。

3.1.2 自由性流动

自由性流动是指消费者在商业空间中随意走动，并没有明确的目标，这类消费者多在商业空间中闲逛，顺便购买个人所需。

自由性流动的消费者比目的性流动的消费者要多，这类消费者在商业空间中会无目的地闲逛，视野也飘忽不定，行走的动线、方向不受约束。这类消费者对动线的要求为，要有充足的体验感和参与性，因为这类消费者没有充足的购买欲望，所以设计要在动线规划和商品展示上下足功夫，激发消费者的购买欲望，同时营造出舒适、温馨的氛围（图 3-5 ~图 3-8）。

图 3-5　回廊走道

↑回廊走道多见于综合商业空间的二层以上，回廊周边为多种商业门店，消费者在回廊上行走时，能自由进入各个商业门店浏览、消费。

图 3-6　中岛柜

↑规整的中岛柜在面积较小的店面中比较常见，消费者可以环绕货柜自由选择，中岛柜与周边靠墙柜的容量巨大，能够满足消费者随机选购的心理需求。

图 3-7　多媒体查询屏

↑多媒体查询屏属于自由性流动动线中的必备设施，多放置在较宽的走道周边，靠近电梯，能让更多消费者看到并使用。消费者能通过多媒体查询屏主动查询商业空间不同楼层的店铺信息，根据消费需求主动改变动线。

图 3-8　十字形货柜

↑十字形货柜的应用比中岛柜更自由，是消费者长时间停留的商品货柜，如书柜。十字形货柜占地面积较大，适用于开阔的室内空间，周边设计有主通道或楼梯。消费者在此处有较长时间停留，适用于促销商品陈列。

3.1.3 动线案例解析

1. 软装布艺店

布艺是现代室内空间装饰中的主要元素，近年逐渐衍生出更为丰富的内容。店面招牌以米白色为主基调，配以纹理丰富的深色大理石柱，突显店面素雅、讲究质感的整体氛围。大块的玻璃墙面，配以近年来流行的线帘，若隐若现地将室内的商品展现于人，增添神秘感，可以吸引潜在消费群体进店观赏、购买。店内面积开阔，围绕中央卫生间和收银台展开，并设计有独立样板间，使商品展示效果更直观，营造了良好的销售氛围（图 3-9 ~ 图 3-14）。

图 3-9　店面造型设计

↑根据建筑外墙结构特色，店面造型设计得具有欧式古风效果，用石材与外墙石质漆搭配，庄重大气，能吸引中高端消费者光临。

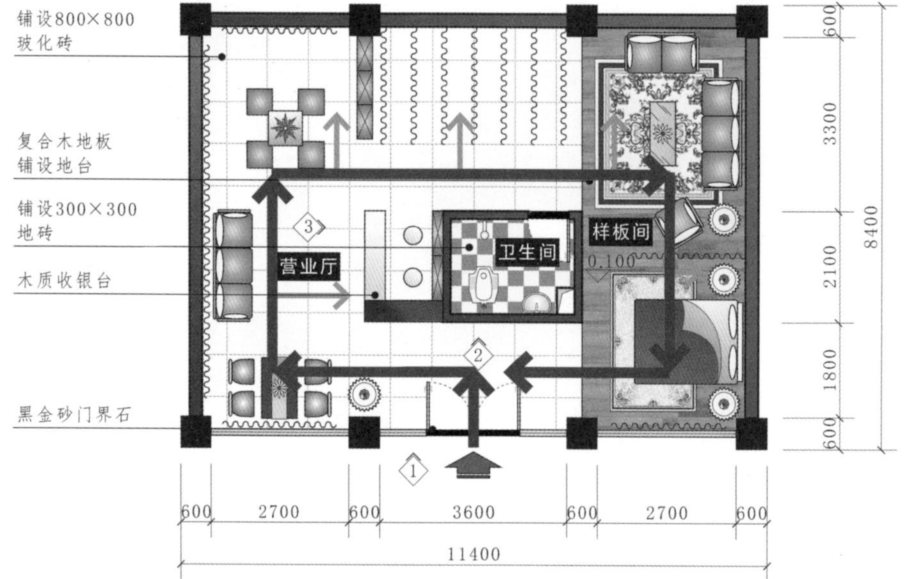

图 3-10　平面布置图

→动线布置为回廊式，环绕中央收银台、卫生间，顺时针环绕一周，为了提高空间档次，在环绕一周的末端提升地面高度，突出样板间。

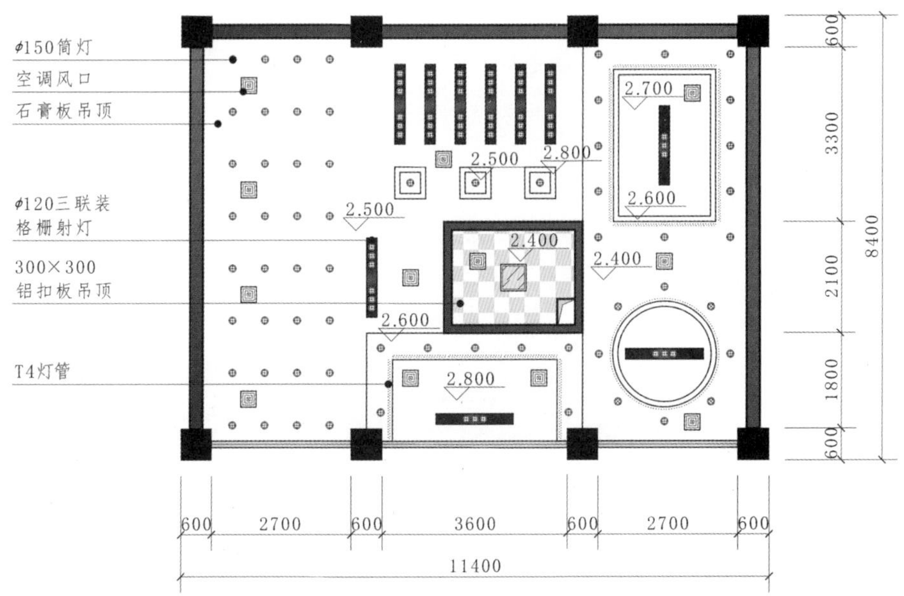

ϕ150筒灯
空调风口
石膏板吊顶
ϕ120三联装格栅射灯
300×300铝扣板吊顶
T4灯管
2.700
2.500
2.800
2.600
2.500
2.400
2.400
2.600
2.800
600
3300
2100
1800
600
8400
600
2700
600
3600
600
2700
600
11400

图 3-11 顶棚布置图

←灯具布置丰富，所有灯具呈均衡排列状态，对室内空间进行全局造型，充分提高照度来展示商品的质感。

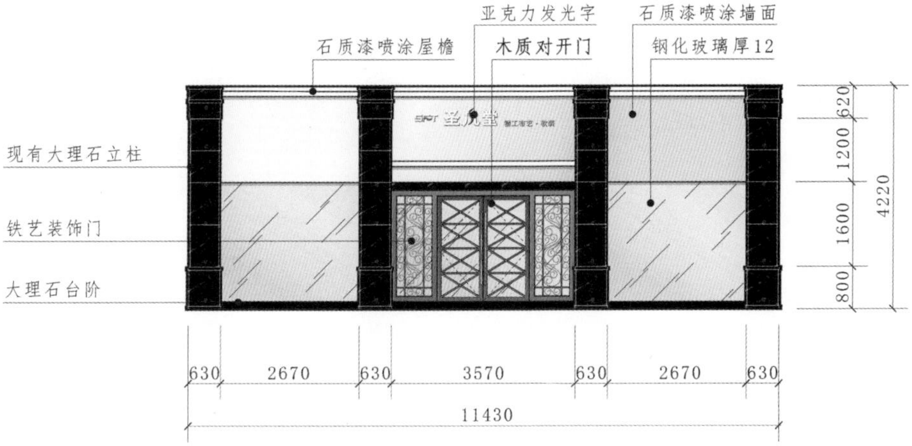

亚克力发光字
石质漆喷涂墙面
石质漆喷涂屋檐
木质对开门
钢化玻璃厚12
现有大理石立柱
铁艺装饰门
大理石台阶
620
1200
1600
800
4220
630
2670
630
3570
630
2670
630
11430

图 3-12 店门口立面图

←店面招牌设计与建筑外墙融为一体，避免在外墙上增加灯箱而显得过于普通。

ϕ150射灯
石膏板吊顶
亚克力发光字
不锈钢台面厚1.2
石质漆喷涂墙面
圣凡堂
200
1700
900
2800
1500
2700
4200

ϕ150射灯
石膏板吊顶
木质装饰柜
木质收银台
300
1600
900
2800
1700
400
2100

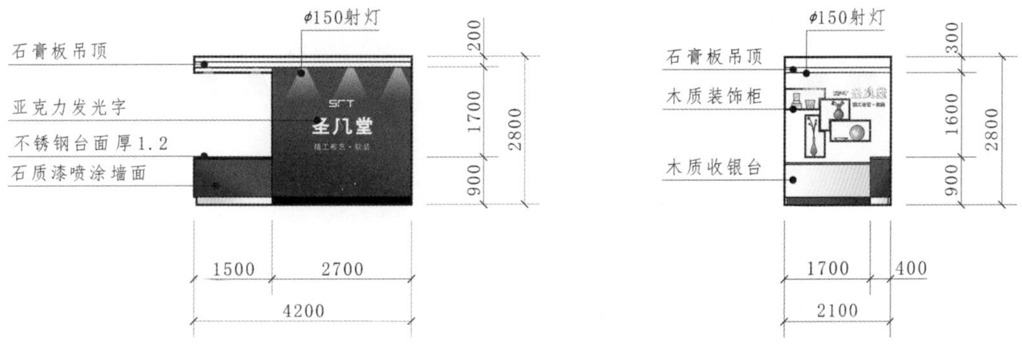

图 3-13 主题墙立面图

↑正对入口的主题墙采用与建筑外墙质感相同的石质漆，只是色彩更深，在灯光照射下具有更强的明暗对比。整体色彩从下向上形成由深到浅的变化，搭配白色发光字，表现出鲜明的层次，让进店的消费者能深刻记忆品牌名称。

图 3-14 收银台立面图

↑收银台背景墙设计木质装饰柜造型，放置造型各异的家居陈设品，供消费者在结账时随机选购。收银台也是环绕动线一周后商品成交的终点，在动线设计上要考虑预留交谈的空间。

2. 箱包店

箱包店追求大方、稳重的装饰风格，以红、黑两色为主，营造出高贵、神秘的感觉。商品展示富有规则，局部照明充裕，全力体现出商品的质感，最大化利用有限的营业空间。

黑色高光铝塑板和橘红色聚晶玻璃反射环境光，提升了店内的照明效果，柔和的米色壁纸和荧光灯的灯光衬托出商品的质感。这类店的装饰设计要从品位和格调上取得超越，单靠堆砌大量商品来吸引消费者的时代已经过去（图 3-15 ～图 3-20）。

图 3-15　店面造型设计

↑全玻璃店面，内部进深较浅，品牌标识造型较小，重点在于突出货柜中的灯光与商品，采用红色与黑色搭配，运用暖黄色灯光来提升对比，形成高亮的视觉效果。

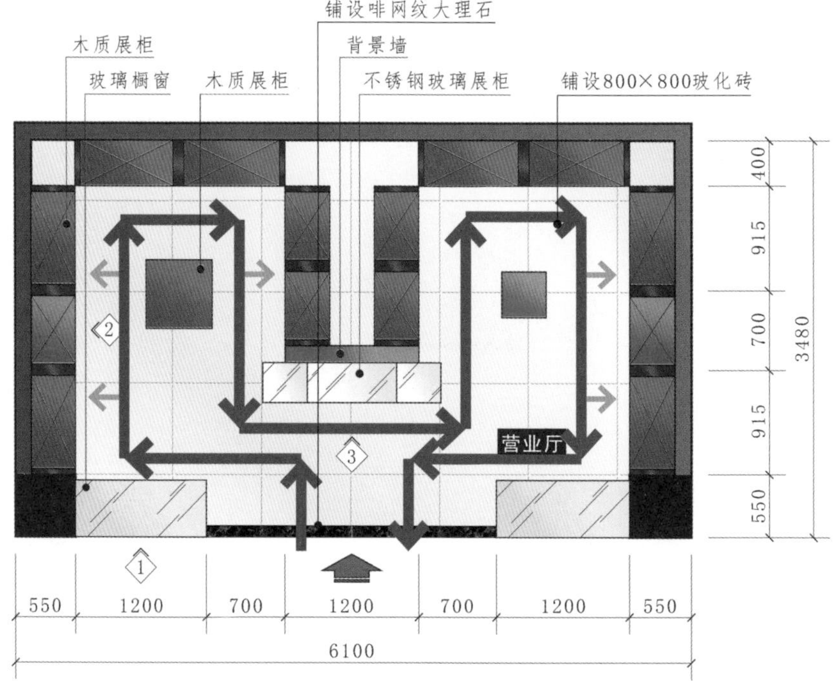

图 3-16　平面布置图

→动线布置为双回廊式，消费者环绕中央立柱两侧空间形成双环绕动线，能轻松浏览店内所有商品。

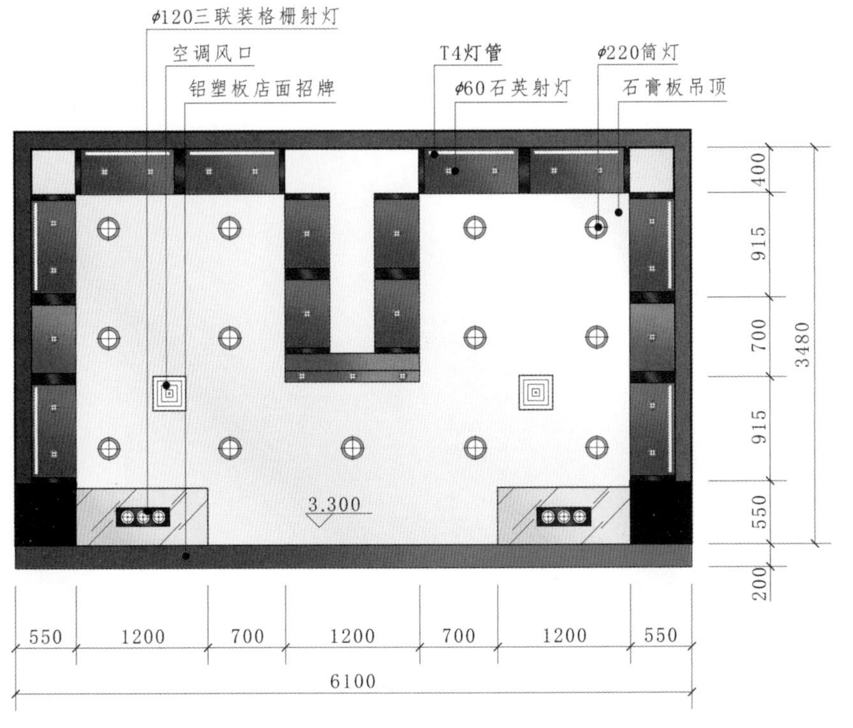

图 3-17　顶棚布置图

←灯具均匀分布，货柜中的筒灯与荧光灯是照明的重点。

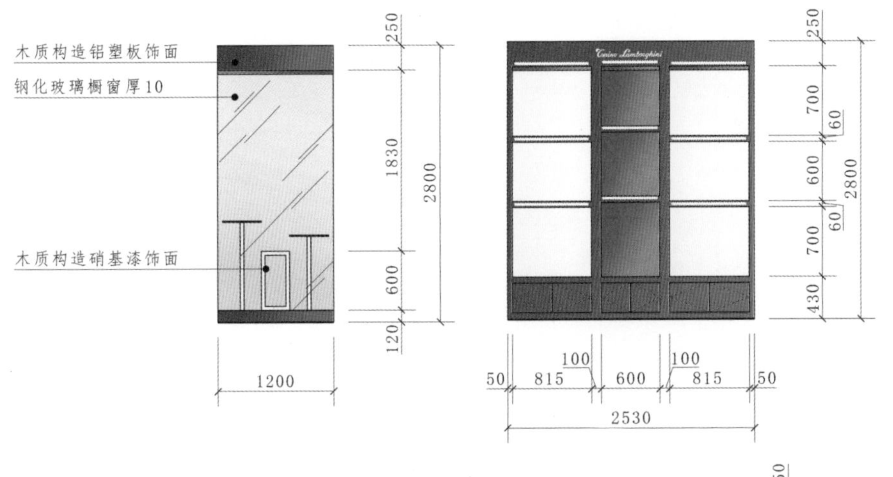

图 3-18　橱窗立面图（左）

←简洁的橱窗仅占门洞口50%的面积，保留较大门洞出入口供动线流畅。

图 3-19　货柜立面图（右）

←货柜造型宽大，消费者浏览便捷，能清晰地看到柜内商品且取拿方便。

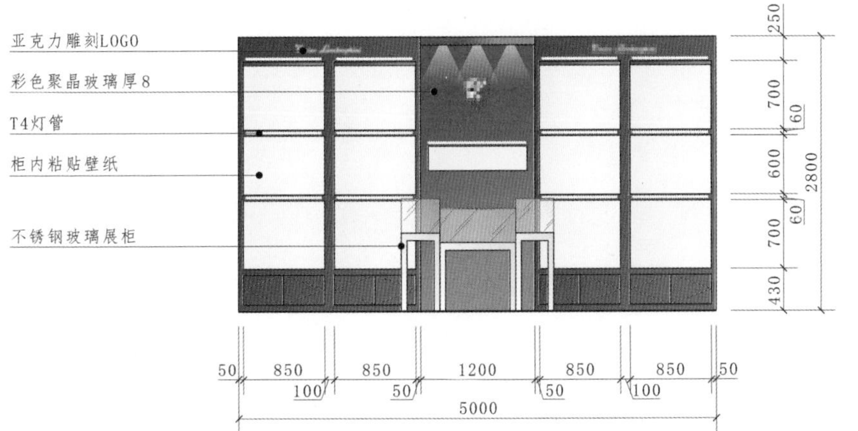

图 3-20　前台立面图

←前台整体造型呈对称状，立柱将店面分为左右两个区域，让面积不大的店内变得动线复杂，增强浏览价值。

3.2 创意顶棚，别出心裁

空间档案

使用面积：270 m²

商业性质：餐厅

室内格局：卫生间、接待区、包间、用餐区、厨房、吧台

主要建材：防滑地砖、花砖、清水混凝土、木方、木芯板

★改造前→

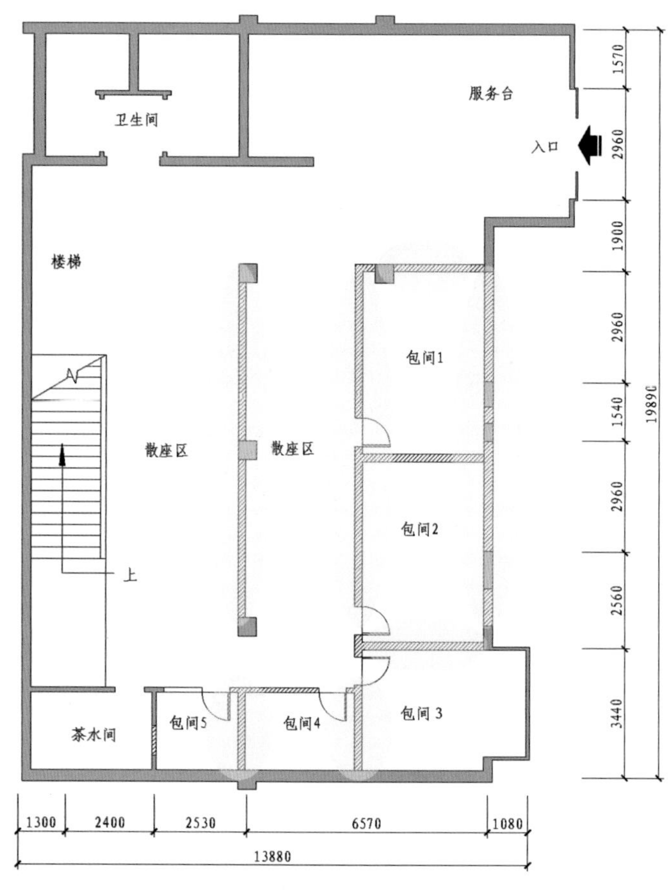

图 3-21　改造前平面

↑该店面原本是一家茶馆，因此包间和散座的比例差不多。现在要改成餐厅，为了能够在同一时间接待更多客人，需要对格局有所调整。因为包间隔离了阳光，所以散座区完全没有光照射进来，只能靠人工照明点亮室内空间，虽然动线规划得非常宽敞，但是还是会产生拥挤的感觉。服务台的接待区域浪费了太多面积没有利用起来。隔墙过多，从外部来看，室内空间面积不大，影响整体空间的开阔感。应当预先考虑好如何分隔空间，既要开放整体，又要满足多功能的区域要求。因此，在拆除墙体的同时要注重空间边角的完整性，对拆除后的墙角进行修整，让不规则的边缘轮廓能适用于规整的室内空间，方便进行动线设计。

←改造后★

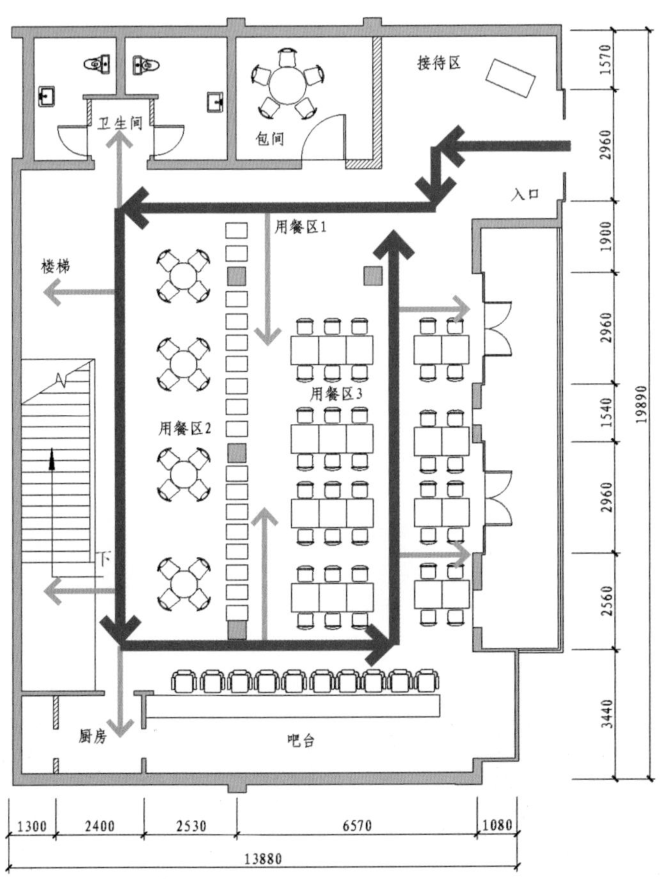

图 3-22 改造后平面

←改造后餐厅面积显得非常开阔，中央主要走道为标准动线，向左右两侧引导消费者入座，增设了具有次序感的包间与吧台，并拓展了室外空间。

变废为宝

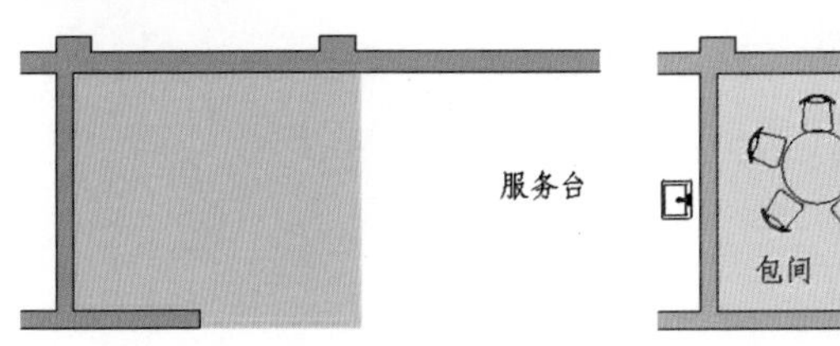

a）改造前

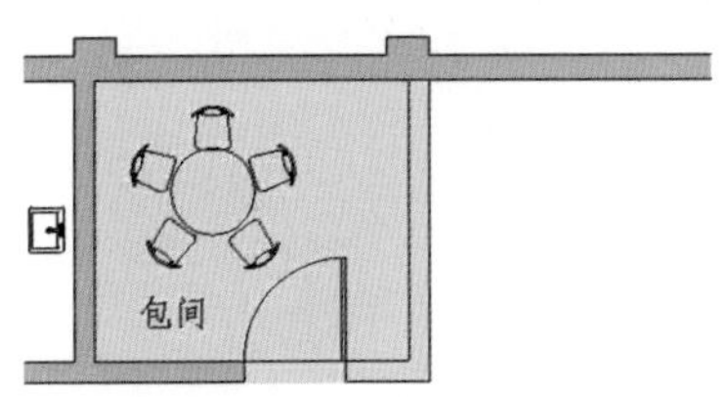

b）改造后

图 3-23 划分入口空间

←以原服务台与卫生间之间的墙体为基准，在距离其 3.9m 处砌一道与之齐平的墙体，围合成一间小包间。

图 3-24 室内空间重新布局（一）

↓拆除原包间 3、包间 4、包间 5 之间的墙体，以包间 5 与茶水间之间的墙体为基准设置一个吧台。在原茶水间与包间 5 之间的墙体上安装一扇 0.8m 的隐形门，方便服务吧台处的消费者。

紧密相连

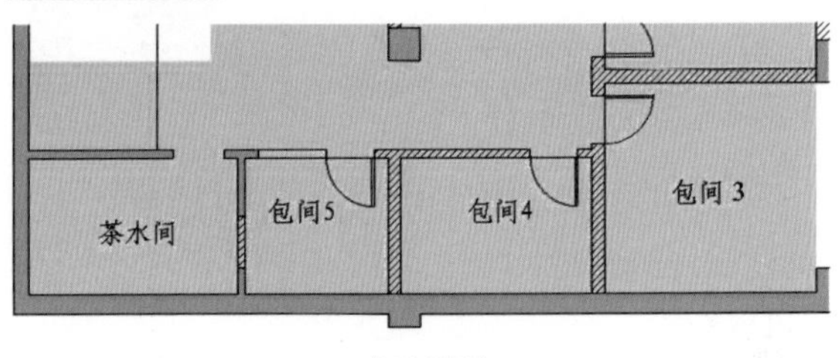

a）改造前

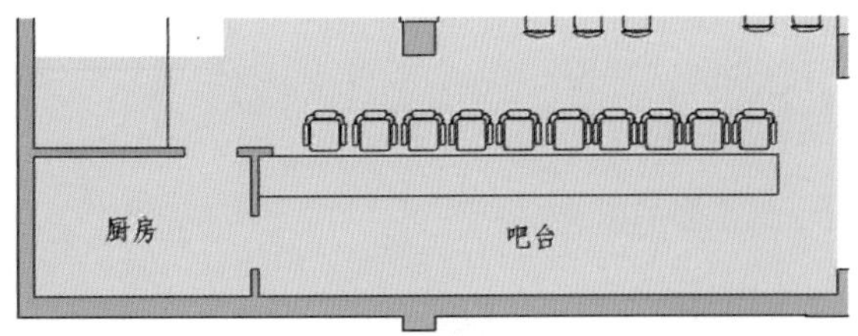

b）改造后

简化空间

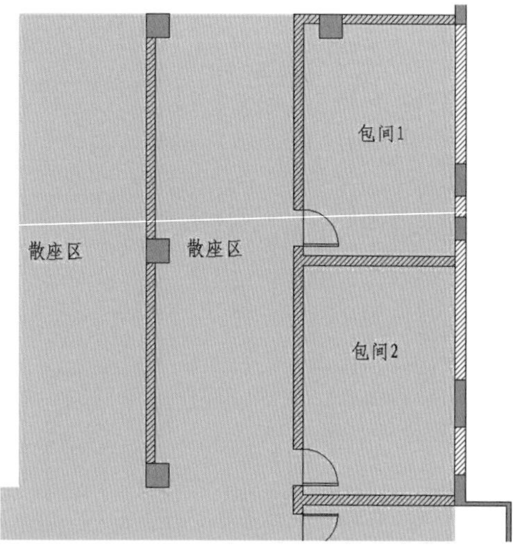

a）改造前

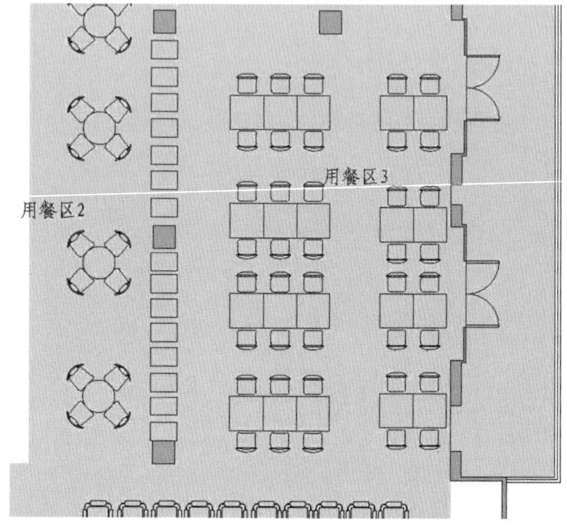

b）改造后

图 3-25　室内空间重新布局（二）

↑拆除原本两个散座区之间的部分墙体，拆除的部分安装落地玻璃，同时拆除原包间 1 与包间 2 的所有墙体（承重柱除外），将其打造成开放式的格局，引光入户。设置两扇玻璃门，将室外空间也利用起来。

图 3-26　主要中央走道

↑餐厅内消费者进行目的性流动，在整个设计方案中能明显看到，动线的设计没有一丝多余，方便商家管理。主要中央走道保留 1.2m 的宽度，让餐桌之间保持良好间距，消费者用餐时互不干扰。在用餐区上方设计井格状吊顶，降低用餐区上空高度，突显走道内空高度，使空间动线的指引效果更好，以顶棚来丰富室内的层次感也是一种新鲜的尝试。

a）楼梯间

b）吧台

图 3-27　局部空间界面装饰

→楼梯间与吧台处采用天然石材挂贴装饰，楼梯间横向纹理引导通行方向为前进，吧台竖向纹理暗示通行终止，消费者可以在此消费。

3.3 巧拆墙体，简单直观

空间档案
使用面积：500 m²
商业性质：餐厅
室内格局：收银台、仓库、厨房、用餐区、吧台区
主要建材：复合木地板、乳胶漆、壁纸、细木工板、护墙板

★改造前↓

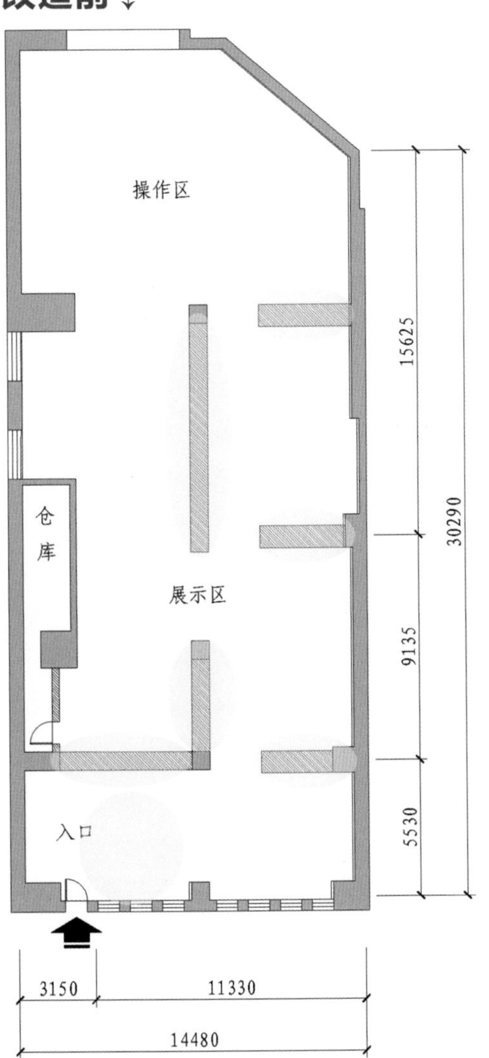

图 3-28 改造前平面

↑该商业空间的前身是一家画廊，是一种前为展示区后为操作区的格局，为了能够有更多的空间展示作品，整体的动线设计比较曲折，墙体多，空间被分隔得很琐碎。

↓改造后★

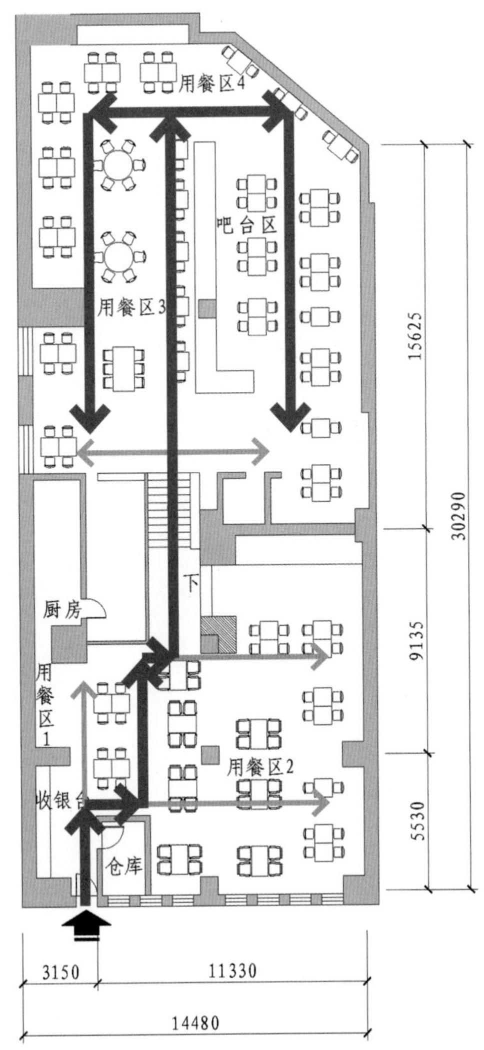

图 3-29 改造后平面

↑将画廊改成餐厅，要做的变动不少，动线设计要重新调整，与画廊回环曲折的动线不同，餐厅的动线要能够让消费者直达用餐区域。最不可缺少的空间是厨房，画廊没有厨房，因此需要增加厨房空间。

增设仓库

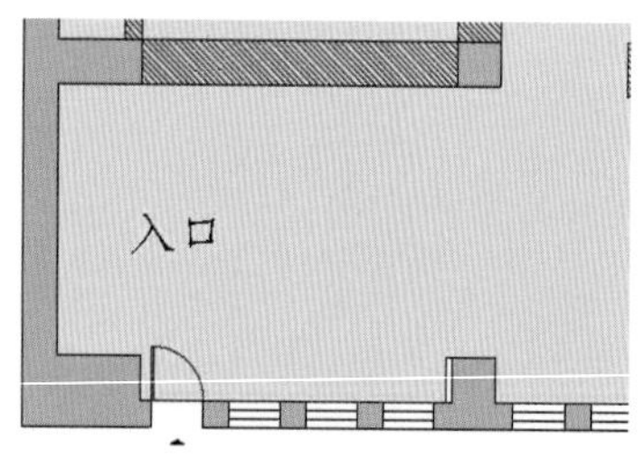

a）改造前

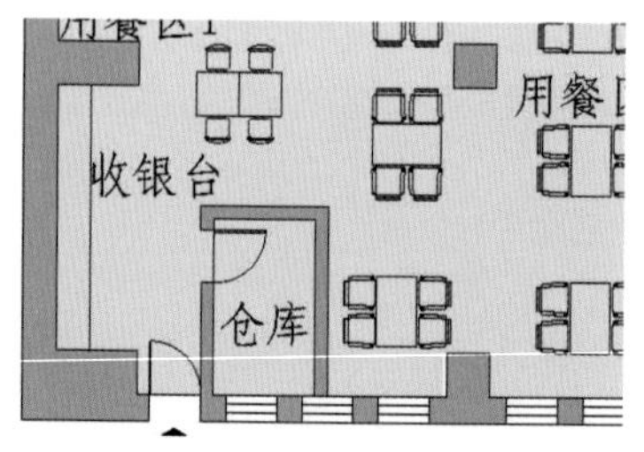

b）改造后

图 3-30　紧凑型入口

←在入口右侧砌两道 3.5m × 2.5m 的墙体，设计成一处封闭空间，当作仓库使用。

重分隔墙

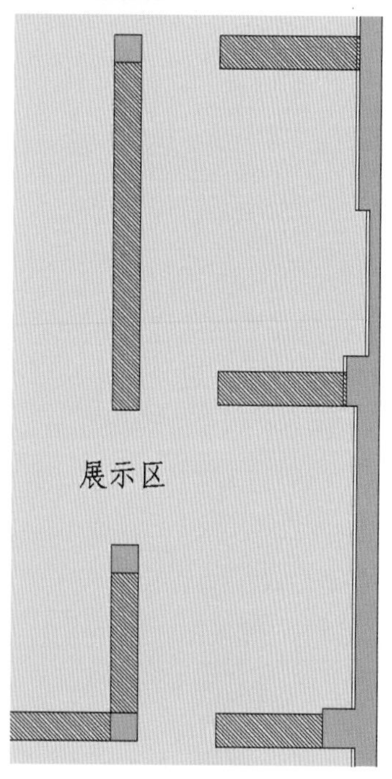

a）改造前

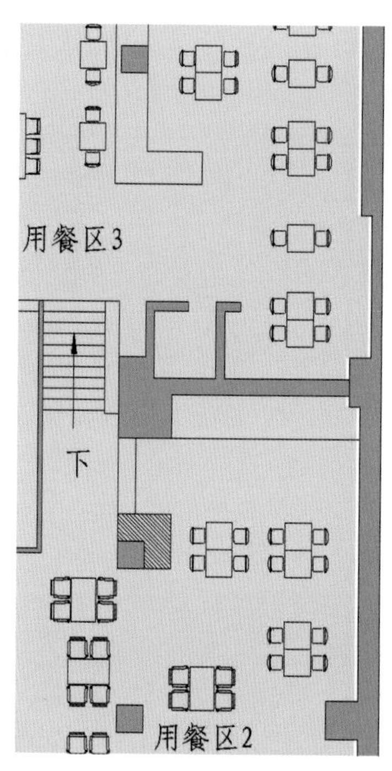

b）改造后

图 3-31　划分用餐区

←拆除展示区的所有墙体，仅留下承重柱。重新制作隔墙，将用餐区划分为上、下两个区域，用楼梯连接，形成错层动线。

拓展后厨

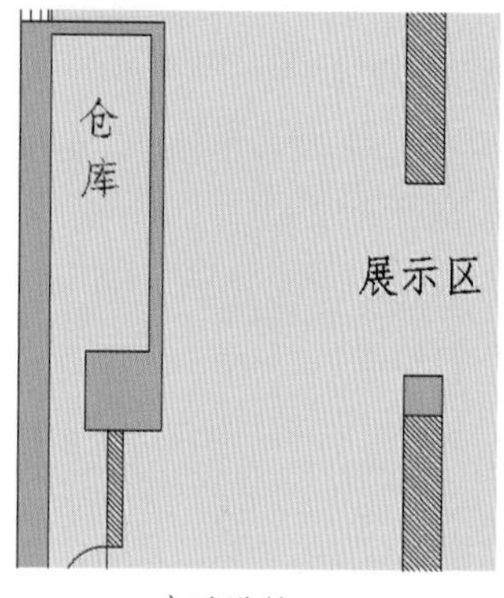

a）改造前

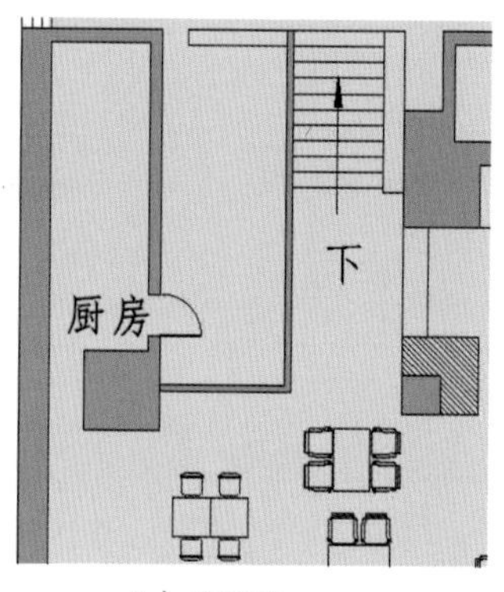

b）改造后

图 3-32　增加厨房空间

←在原仓库外侧围合一个 3m × 7m 的闭合空间，充当厨房使用。

图 3-33　用餐区

←将厨房设置在用餐区之间，厨房处于正中间能够更好地服务到两边的消费者，两条动线相向而行，既能够满足消费者的需求，又能节省服务员的时间。

图 3-34　吧台区

←餐厅吧台主要是为了服务单人用餐的消费者，一方面是为了让单人用餐的消费者不会显得孤独，另一方面是为了节省两人桌或是四人桌的座位，提升餐厅盈利。

图 3-35　落地窗采光

↑落地窗能很好地利用室外光线照亮室内空间。餐厅的动线追求简单，不宜过于繁复。

图 3-36　装饰陈列架

↑装饰陈列架是动线的停止点，集中陈列装饰品能吸引消费者的注意力。

3.4 多个入口，增加客流

空间档案

使用面积：300 m^2

商业性质：餐厅

室内格局：收银台、用餐区、厨房、卫生间、包间、洗消间、操作区、库房

主要建材：水泥砂浆、乳胶漆、原木、细木工板、护墙板、壁纸

★改造前→

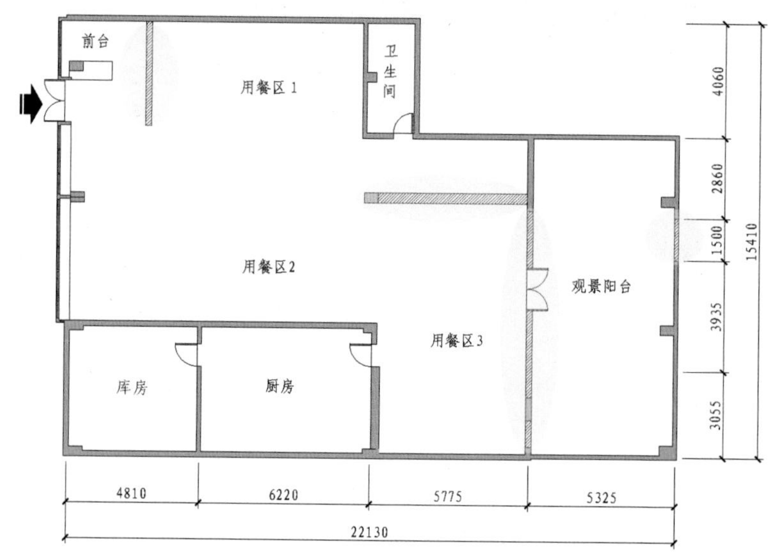

图 3-37 改造前平面

↑该商业空间前身是一家自助餐厅，因此没有设置包间，整个用餐区都非常开阔。

★改造后→

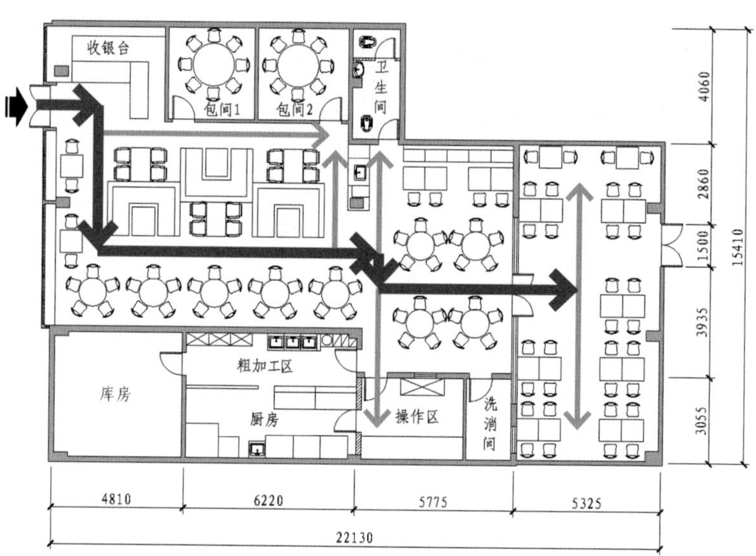

图 3-38 改造后平面

↑改造后，动线走向由座位的摆放决定，包间必不可少，还扩大了厨房的范围。

空间独立

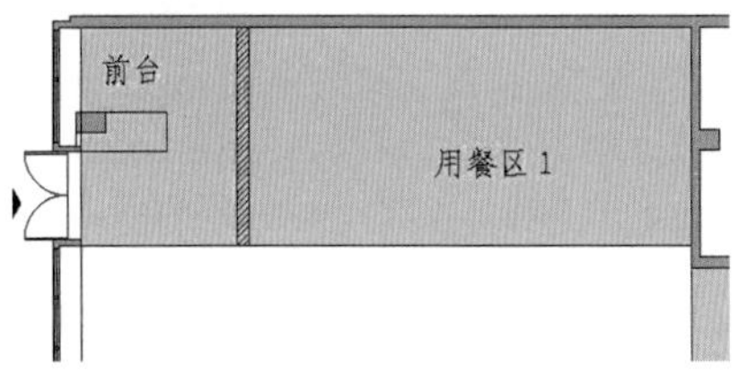

a）改造前

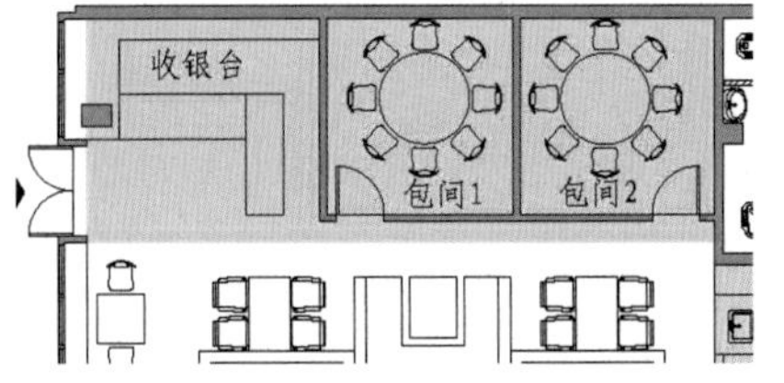

b）改造后

图 3-39 包间设计

←拆除原前台与用餐区 1 之间的墙体。在原用餐区 1 处增设两个包间，包间尺寸分别为 3.2m × 3.2m、3.1m × 3.2m。

拓展空间

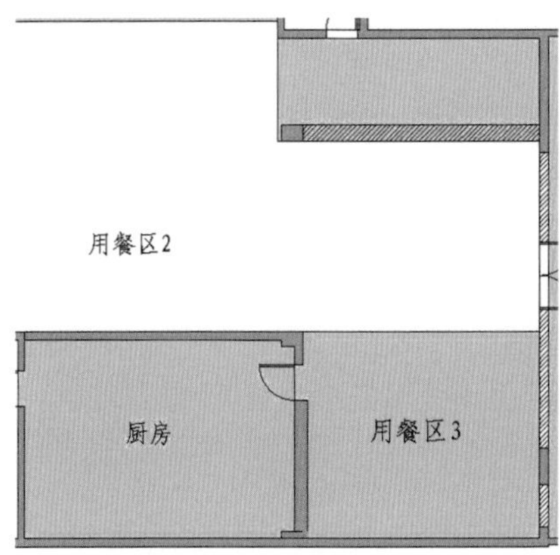

a）改造前

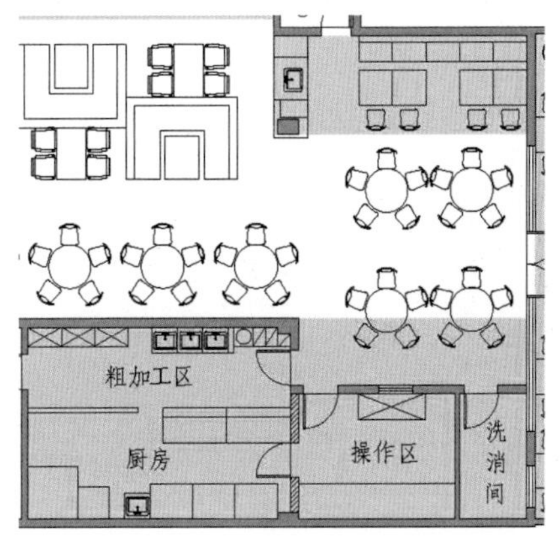

b）改造后

图 3-40 重新整合空间

←拆除原卫生间与用餐区 2 之间的墙体，在卫生间门口设置一个洗手台，起到过渡作用。将用餐区 3 重新划为 3m × 3.7m 的操作区和 3m × 2m 的洗消间，并打通厨房与操作区之间的通道，使工作动线更简单。

丰富动线

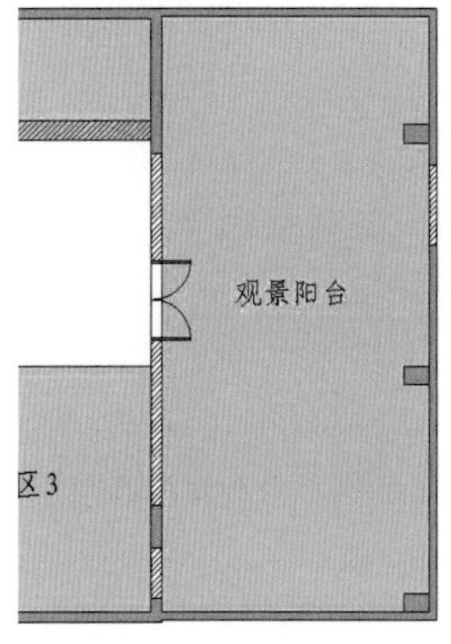

a）改造前

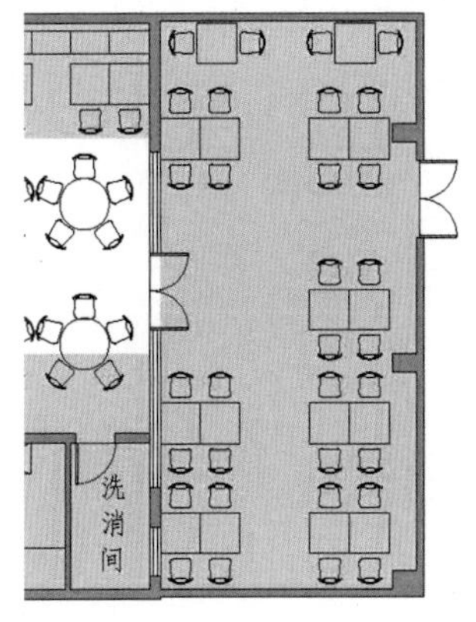

b）改造后

图 3-41 景观阳台布局

←将原观景阳台与室内之间的实墙用落地玻璃墙代替，让动线连成一体，让两个空间产生联系。在此空间再开一个出入口，两个不同方向的出入口能够吸引更多的消费者进店用餐。

图 3-42　风格造型

↑确定整体风格，有趣的风格能够吸引更多消费者。消费者能从装修风格中了解该店的主导菜系。

图 3-43　走道隔断

↑在走道旁树立起原木树干，形成走道旁的围合，明确引导动线的走向。

图 3-44　卡座分区

←该餐厅除了用墙体分隔空间之外，还巧妙运用原木树干、特色座位来进行空间划分。虽然大部分位置都处于开阔的大厅内，但是每个区域都会因为设置巧妙而形成各自独立且互不打扰的空间。

图 3-45　环形走道

←餐厅动线非常简单明确，丝毫不乱，仔细观察可以发现，每一条主动线都被座椅背或是木质装饰物划分得很清楚，即使是在消费者多的时候也不用担心动线堵塞。

3.5 重画布局，改变格局

空间档案

使用面积：135m²

商业性质：书吧

室内格局：接待区、书籍存放室、厨房、用餐区、阅读区

主要建材：防腐木地板、防滑地砖、砂砾石、乳胶漆、布条、胶合板、双层玻璃

★改造前→

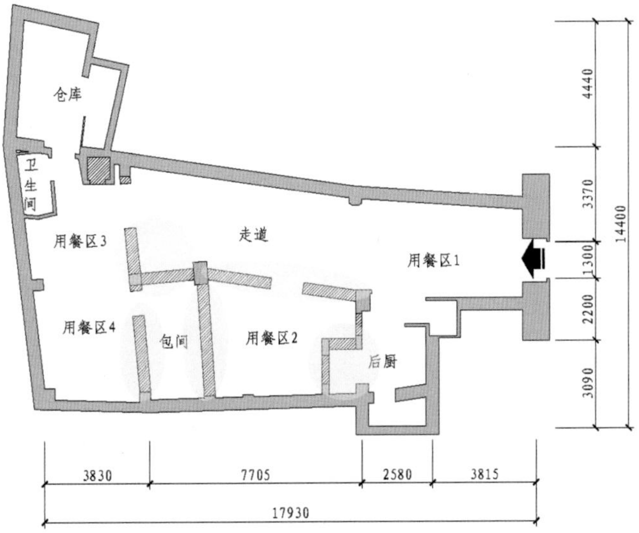

图 3-46 改造前平面

→该商业空间的前身是一家餐厅，空间是一个不规则形状，为了更美观，直接用墙体将空间分隔规整，但是对于原本就不大的异形空间来说，实墙分隔法会使原本就小的空间更狭窄。

★改造后→

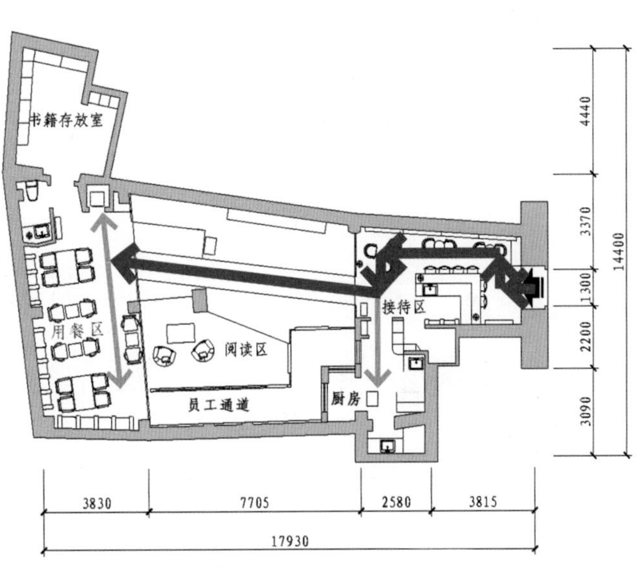

图 3-47 改造后平面

→该商业空间经过改造后成为一家书吧，与之前的餐厅相比，同样需要厨房空间与用餐区，但不同的是还需要增加部分阅读区来满足消费者的阅读需求。因为空间不大，所以整体动线要简单些，不宜复杂。中庭空间不能浪费，用防腐木制成的木质平台通过地面材料的不同划出单独小空间，防腐木地板能明确指出主动线的位置。

增强采光

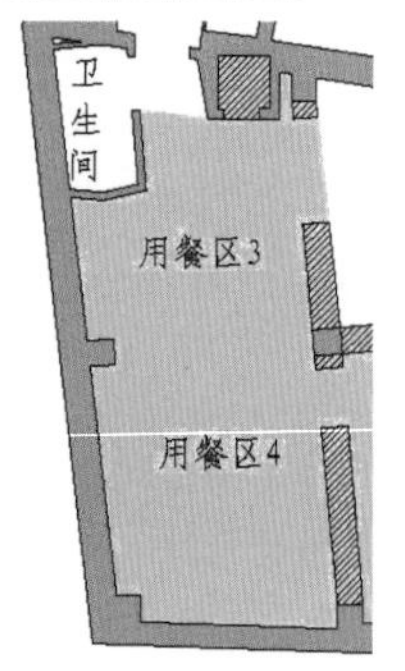

a）改造前

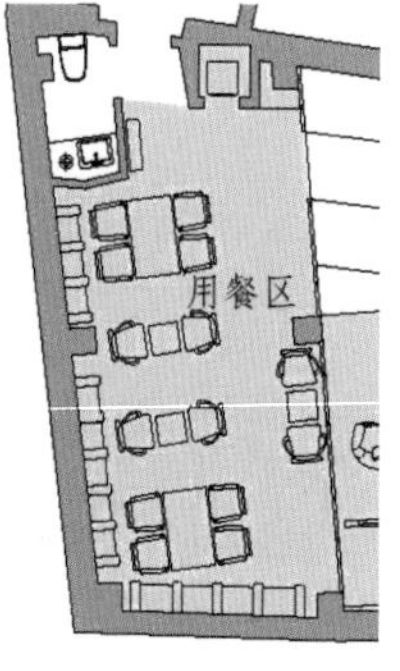

b）改造后

图 3-48　拆墙补光

↑拆除原用餐区 3 与走道之间的墙体，拆除用餐区 4 与包间之间的墙体，仅留下承重柱。用玻璃在用餐区 3 与用餐区 4 的承重柱之间砌一道隔断，用玻璃代替墙体能够让原本使用人工照明的用餐区 4 拥有足够阳光，在视觉上使原本狭窄的空间变得宽阔起来。

动线自然

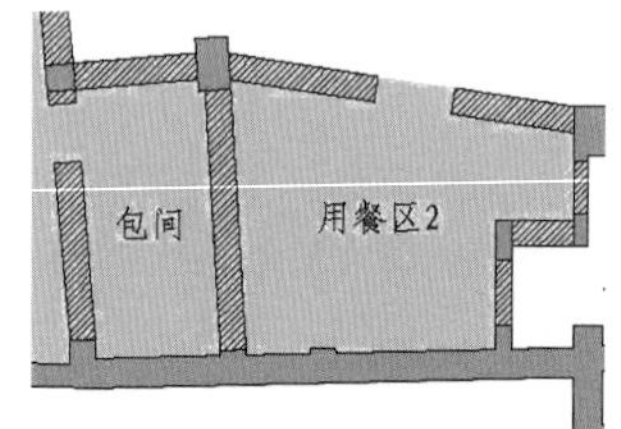

a）改造前

b）改造后

图 3-49　分隔通道

↑拆除原包间与走道之间的墙体，拆除原包间与用餐区 2 之间的墙体，拆除用餐区 2 与走道之间的墙体，使原本被分割成的三个空间合并成一个开敞的大空间。在厨房与阅读区之间使用落地玻璃分隔出一条员工通道，在通道前以木质平台的形式圈出阅读区，落地玻璃使该阅读区直接沐浴在阳光之下。

图 3-50　书架

←书吧是一种书店的经营形式，现在备受大众喜爱。消费者的流动行为非常自由且有目的性，因此要把握好书架上的展陈密集度，要清晰表现出图书的品种与门类，让消费者快速找到自己的阅读兴趣点。

图 3-51　隔断引导

←隔断在中庭起到了缓冲分隔的作用，前半部分偏向自由流动的消费者，后半部分偏向有目的流动的消费者，目的性流动的消费者要用餐必经过众多书籍，在无形中激发消费者的购买欲。

3.6 回归自然，乐趣点缀

空间档案
使用面积：390m²
商业性质：书店
室内格局：入口走廊、门厅、舞台、阅读区、吧台、收银、休息室、卫生间、茶室、厨房
主要建材：防腐木地板、胶合板、乳胶漆、壁纸

★改造前→

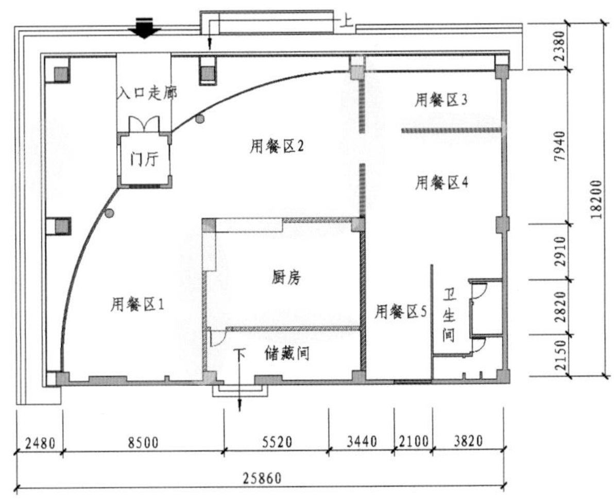

图 3-52 改造前平面

↑该方案是要将一家餐厅改变成书店，餐厅与书店的功能分区有很大不同，现有隔墙过多，影响动线布局设计，因此在空间划分上会有很大改动。

★改造后→

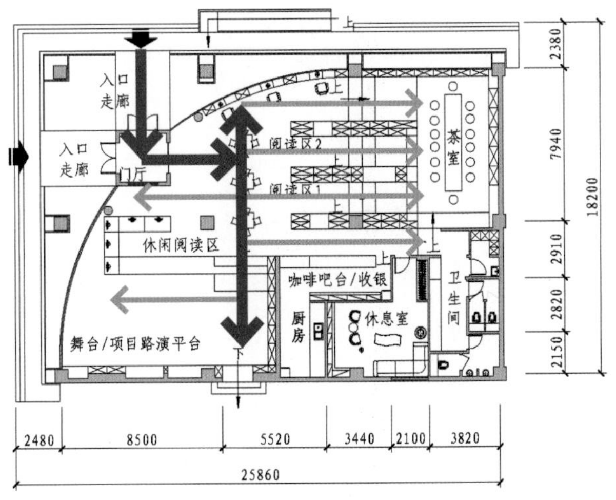

图 3-53 改造后平面

↑厨房与储藏间对于书店来说使用效率不高，因此将使用面积分给更需要空间的阅读区。卫生间的位置不大，既要考虑能够让更多消费者使用，也要考虑到其隐蔽性，与其他空间分隔开。

拓展入口

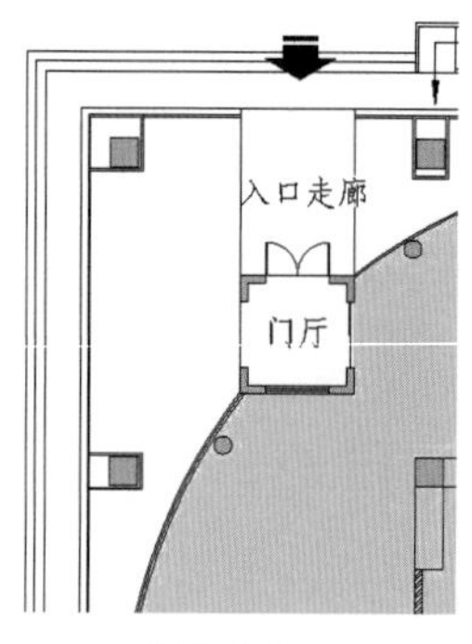

a）改造前

b）改造后

图 3-54　门厅改造

←在保留北门的基础上再开一个西门，两个入口直接通往室内，提高了动线的通行效率。

改造厨房

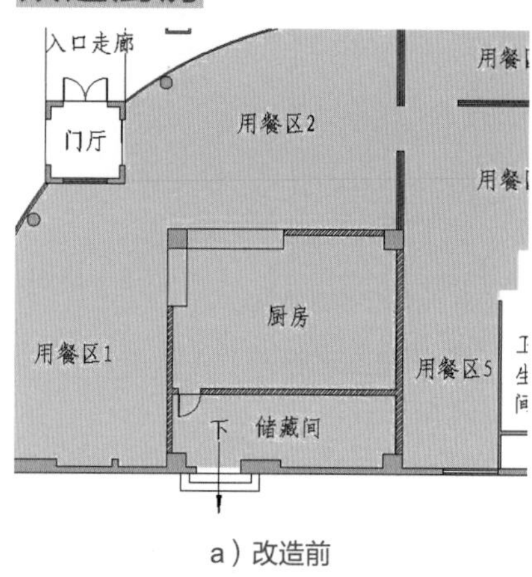

a）改造前

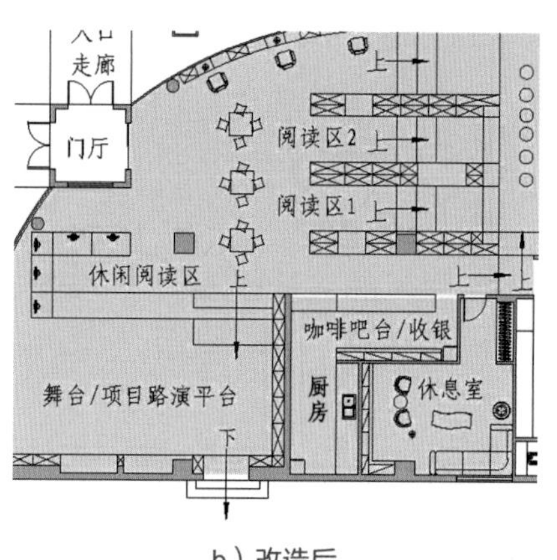

b）改造后

图 3-55　重新整合

←将原有的厨房与储藏间隔墙完全拆除，重新组织空间，并设计具有高差的地台，让动线在空间中更丰富。

细化空间

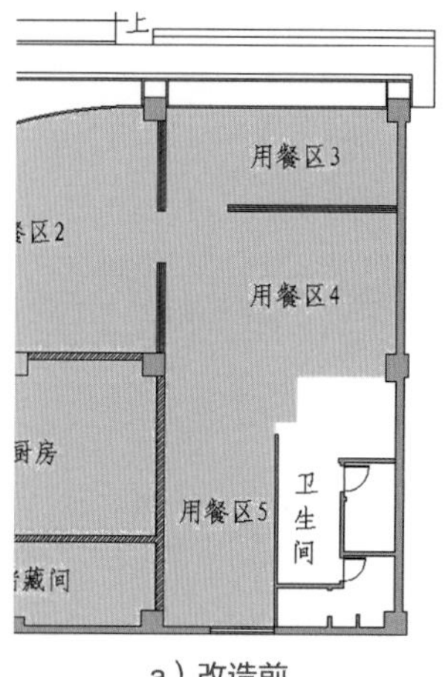

a）改造前

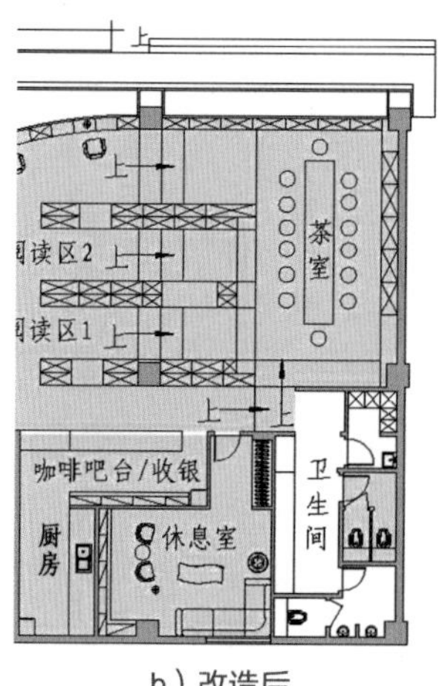

b）改造后

图 3-56　重新分区

←重新规划原用餐区，增设阅读区与茶室，拓展卫生间面积与功能，虽然是内部空间，但是要让动线形成环路。

图 3-57 阅读区

←书店的区域划分随着人们的要求变得越来越丰富，从以往单一买书、读书的环境转变为集休闲娱乐于一体的功能空间。因此动线也由简单变得复杂，该空间前动后静，四条不同的次动线连接动与静，设计得十分巧妙。

图 3-58 舞台交流区

←如今很多作者见面会、握手会、各种学术讲座都会在书店召开，因此一块足够的空地是现在书店不可或缺的一部分。

图 3-59 落地窗采光

↑一条入户的主动线延伸出来了四条次动线，每条动线都可以看到不同的风景。

图 3-60 台阶上升

↑木质地台让行进中的消费者如处于大自然中一样，自在惬意。

图 3-61 阅读走道

↑井格吊顶能有效回避灯光带来的眩光，让走道空间显得更宽阔。

3.7 增加层次，丰富感官

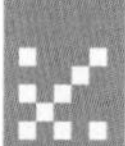

空间档案
使用面积：200m²
商业性质：书店
室内格局：图书展览区、阅读休息区、接待台、休息区、水吧、洗手间
主要建材：木地板、钢化玻璃、清水混凝土、细木工板

★改造前→

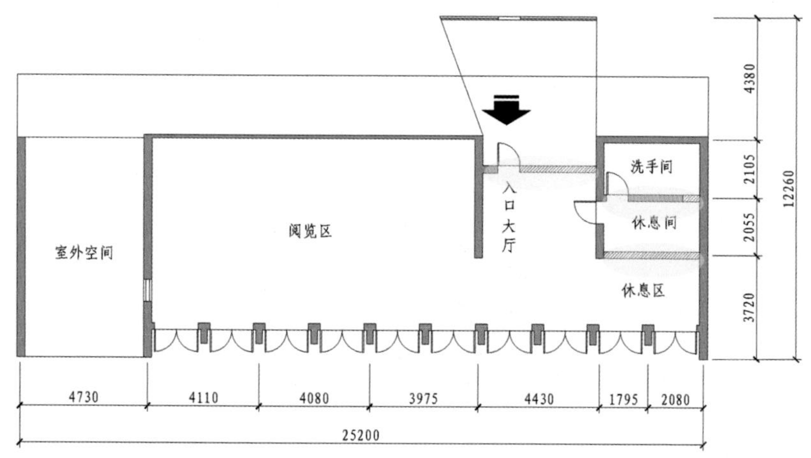

图 3-62 改造前平面

↑该空间原本就是为书店而造的建筑空间，因此整体上不需要做太大变化，仅需根据设计要求进行部分调整。希望通过动线规划，能将原本简单的环境变得丰富一些，让书店不仅是阅读、买书的地方，更是休闲、放松的乐园，因此要将原来较为简单的功能分区丰富化。

★改造后→

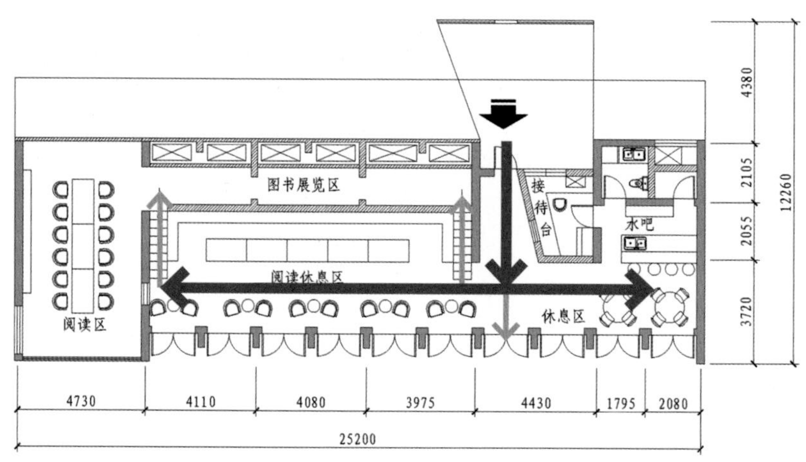

图 3-63 改造后平面

↑改造后，强调临海开门的空间，将阅读休息区完全安排在门窗旁，将常规隔墙拆除，形成变化多样的功能区。动线挺直，流畅自然，在有限的面积内赋予空间更多的使用功能。图书展览区打造回廊式空间，让分支动线活跃起来。

梯形空间

a）改造前　　b）改造后

图 3-64　大厅改造

↑以入口所在墙面为梯形的下底，以进门左手边墙面为梯形的高，砌筑墙体，围合出一个上底为 2m 的梯形空间做接待使用。

变一为二

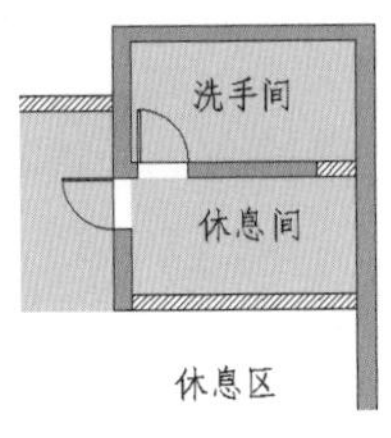

a）改造前

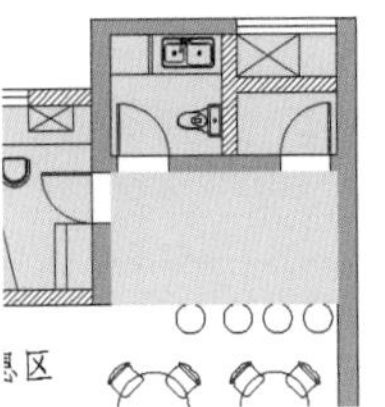

b）改造后

图 3-65　卫生间划分

↑将原洗手间一分为二，隔成小洗手间和存用小仓库。将原休息区与休息间之间的墙体拆除，安装定制橱柜，改为小型休闲水吧。水吧与图书展览区的位置一左一右，两者的动线相互连接但又不相互打扰。

动线上行

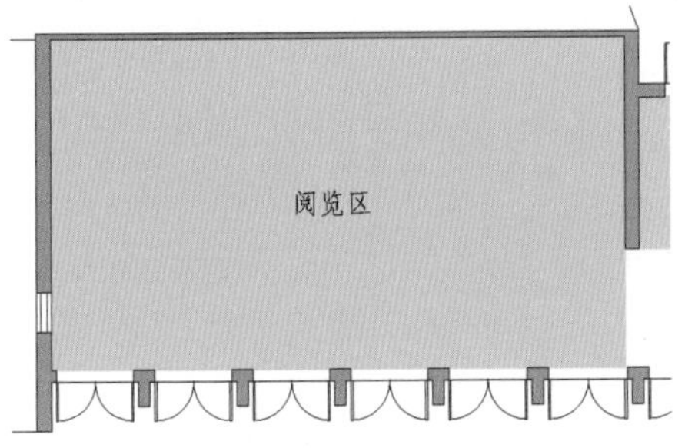

a）改造前

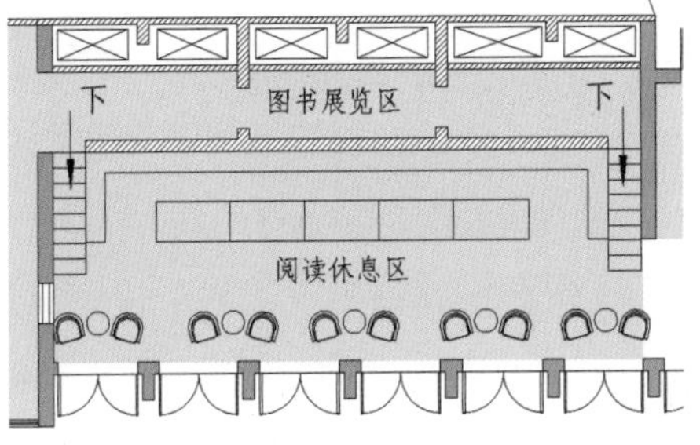

b）改造后

图 3-66　阅览区动线

↑原阅览区空间一览无余，整体非常空旷，虽然该空间层高非常高，但是空间使用率不高，将动线往上拉，增加可使用面积，创造价值最大化。

图 3-67　阅览区

←将原本单层的空间调整成逐渐上升的空间，不仅丰富了室内动线的行进方式，同时也将原本浪费的空间重新利用了起来，在很大程度上提高了空间的使用率。

图 3-68　面朝大海

←面朝大海一侧安装的落地玻璃门能够让室内消费者观赏到室外美景，将室内的动线延伸出去。因为消费者在书店里大多是没有目的性的闲逛，因此只有最大限度地吸引客流、让消费者逗留，才有机会卖出更多的商品，而该书店闲适的氛围、优美的环境是最吸引人的地方。

图 3-69　回廊

←这种封闭的小空间设计能够给人带来安全感，丰富消费者的体验，激发购买欲望。

图 3-70　内景装饰

→将室外植物包容到建筑中来，形成内景，在室内能观赏到室外景色，让室内动线更有趣味性。

第4章

遵守动线三原则：空间营造

学习难度：★★★★☆

重点概念：识别、格局、优化、趣味

章节导读：商业空间最主要的作用就是服务消费者，因此商业空间动线设计的前提是要考虑到消费者的感受。动线设计的原则为可达性、可见性、识别性。

4.1 动线原则

商业空间设计对动线的把控有严格的要求，动线设计具有明确的设计原则，要按原则来完成道路规划，动线设计原则以经营方向为基础，要能最大程度表现商品的展陈效果。

4.1.1 可达性

商业空间的类别很多，有的商业空间会根据经营性质来降低动线的可达性，以达到吸收客流的目的，但是餐厅、咖啡厅等商业空间对于可达性的要求就比较高，在动线规划时要将可达性放在首位。

在桌椅布置复杂的餐饮空间中，要满足可达性就要以可见性为基础，只有见到了消费目标，消费者才能到达目的。虽然桌椅摆放密集，但是在布局形态上却形成了多个矩形区域，利用走道来分隔，保障每个区域都能顺利到达（图 4-1）。

图 4-1　走道设计

→桌椅比较密集的用餐区，走道设计应当非常精准。高档餐饮空间用餐人数不多，走道可预留较窄，宽度在 0.6 ~ 0.8m 之间即可，餐厅最大入座率一般不超过 60%，即使走道较窄，也能通过桌椅的紧凑摆放来保证可达性。

4.1.2 可见性

商业空间有大有小，大空间有百货商超、超市、酒店等，小空间有甜品店、奶茶店、花店等。这些空间大小不一，如果是开在大商场中的小餐厅，就是大商业空间中的组成部分。动线设计中的可见性是指让消费者能清晰地看到店内场景、商品。开在街边的小商业空间通过大面积玻璃幕墙来引导消费者视线，进店后的走道风格与家具台柜保持一致。尽量增强可见性，增加客流。通过动线设计让店内商品尽可能多地展示出来（图 4-2）。

图 4-2 临街店面

←进门后的走道要多方向延伸，搭配台柜来引导消费者的行动与视线，将店内更多空间展现在消费者眼前。

4.1.3 识别性

如果消费者在购物的过程中无法确定自己的位置，就会迷失方向。因此在设计动线时，要提高动线系统的秩序感，增强识别性，让消费者不至于迷失在空间中。

增强识别性的方法是增强主动线的指向性，此外还可以将导视系统融合到动线中，增强整体感（图 4-3、图 4-4）。

图 4-3 矮墙标识

↑通过墙面彩绘对矮墙进行装饰，通过箭头造型来指明动线方向，适用于比较紧凑的狭窄墙面。

图 4-4 装饰墙板标识

↑可以在面积开阔的护墙板上安装雕刻图案，通过流畅、连贯的图形来引导消费者前行。

4.1.4 动线案例解析

现代男装专卖店的店面装修在不断升级，追求展现高端男装的品质，深色招牌能体现出传统男装的主导色。室内地面铺设浅色玻化砖，与白色吊顶相呼应，墙面装饰以米色、褐色为基调，制作构造简约的隔板。灯光隐藏在灯槽中，以石英射灯为主，从而避免产生炫光。商品种类少而精，以金属衣架陈列为主，营造出宽松的消费环境。这类专卖店的面积一般在 60 ~ 120m^2 之间，以大面积玻璃橱窗为主要消费向导。入口向内收缩是设计亮点，不仅能为消费者的出入遮阳挡雨，还能提升品牌的神秘感（图 4-5 ~图 4-10）。

图 4-5 店面造型设计

→店面入口设计为内凹造型，引导消费者快速进店消费，同时外凸橱窗，将商品模特最大化向外展示。

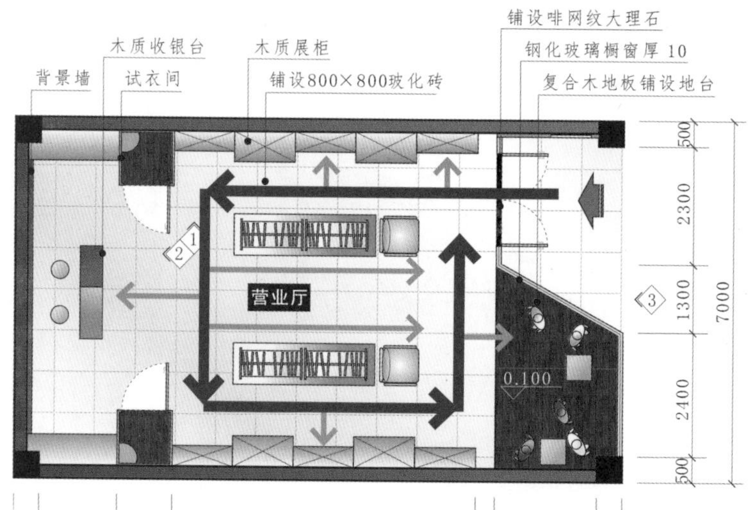

图 4-6 平面布置图

→动线主轴回旋，分支动线能涉及的区域更多，橱窗区深度较大，大门外部空间深度同步增加，是吸引消费者的最佳布局，虽然缩小了店内空间，但是不影响品牌定位。

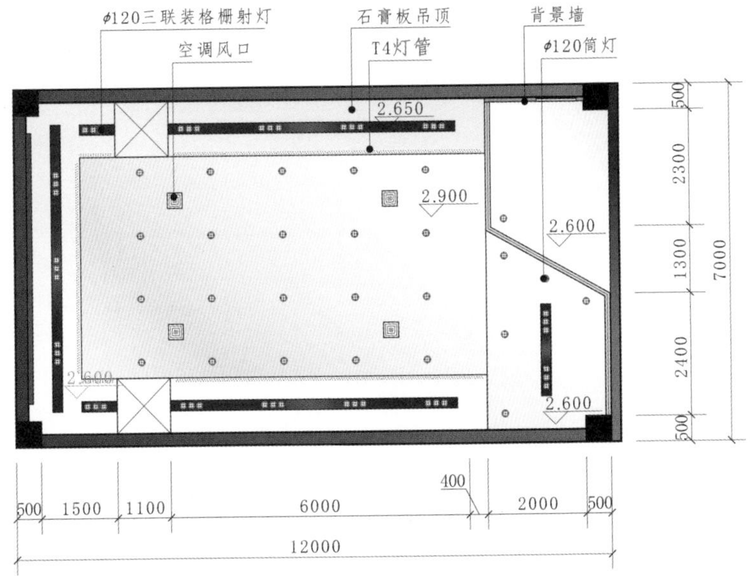

图 4-7 顶棚布置图

←灯具布置丰富，周边为高亮射灯，集中照明墙面与商品台柜，中央均匀布置筒灯，保证全局照明效果。

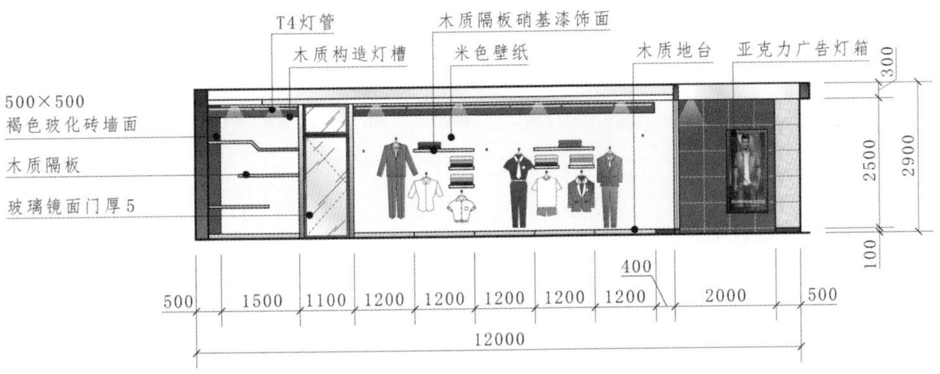

图 4-8 货架立面图

↑高端品牌的店内商品数量一般较少，呈完全展开状态，减少货柜与货架，让商品不受台柜遮挡。开放式货架展陈也是室内动线引导的最佳方式，能引导消费者快速浏览，提高消费效率。

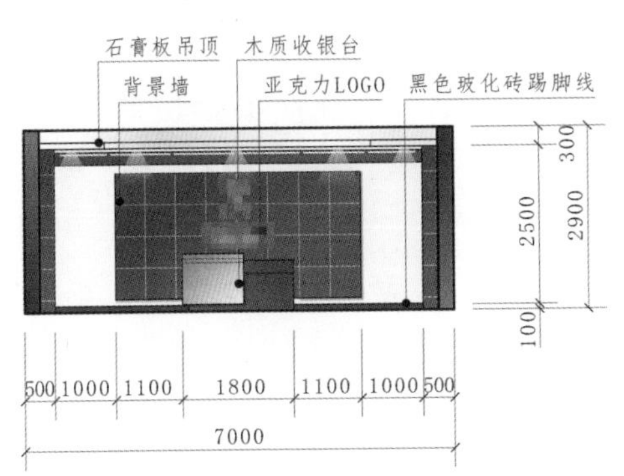

图 4-9 收银台立面图

↑主题墙造型为体块状，突出主题 LOGO，建立完整的形象标识。收银台为体块交错造型，搭配深、浅两色形成对比。

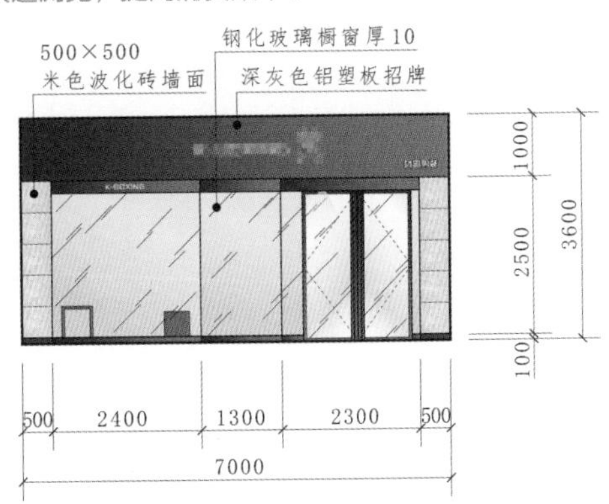

图 4-10 店门口立面图

↑外部招牌表面平整，突出橱窗的采光效果，选配灰色作为招牌底色，表现本店主要的消费群体为男性。

4.2 改变隔断，丰富空间

空间档案

使用面积：670m²

商业性质：餐厅

室内格局：厨房、包间、储藏室、用餐区、收银台

主要建材：清水混凝土、花砖、饰面板、乳胶漆、不锈钢材、壁纸

★改造前→

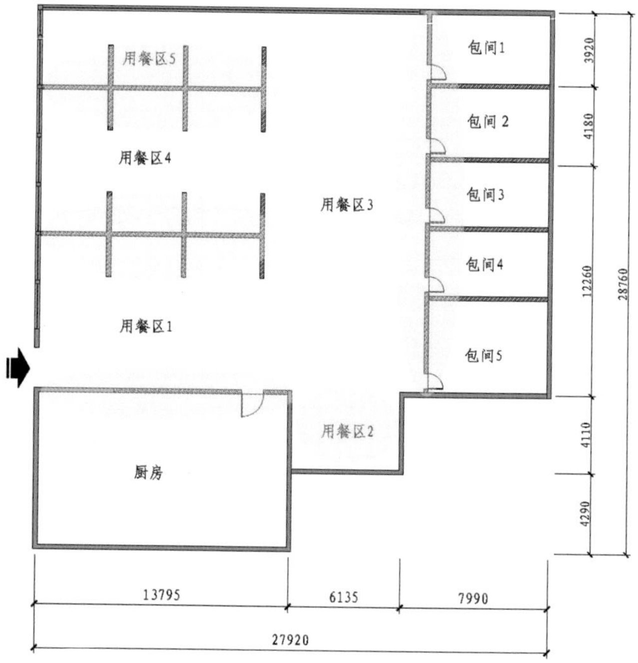

图 4-11　改造前平面

→不同餐厅的菜系、风格、主题不同，整体动线规划、功能分区也会有很大区别。改造前的餐厅与改造后的餐厅都有一个共同的特点，就是良好的可见性和便捷的可达性，改造前与改造后都是通过借助外物的方式来界定动线的位置与行进方向，动线设计清晰明确，能够让消费者快速到达自己的目的地。两者之间的区别是，改造前餐厅的整体规划虽干净利落，但是小空间与小空间之间的辨识度不高，显得比较乏味，没有趣味性。

★改造后→

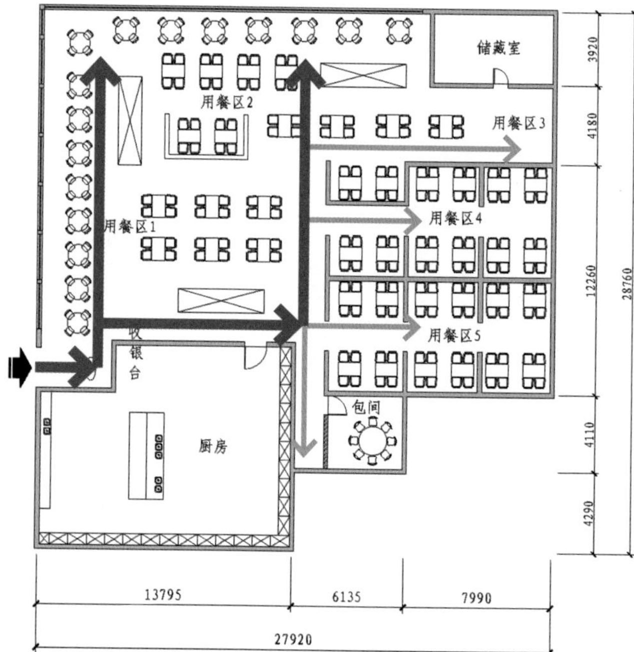

图 4-12　改造后平面

→改造后，空间中增加了多处卡座，形成独立性较强的私密用餐空间，用餐区的座椅布置形式更加多样化，满足不同消费者的需求。

入口转折

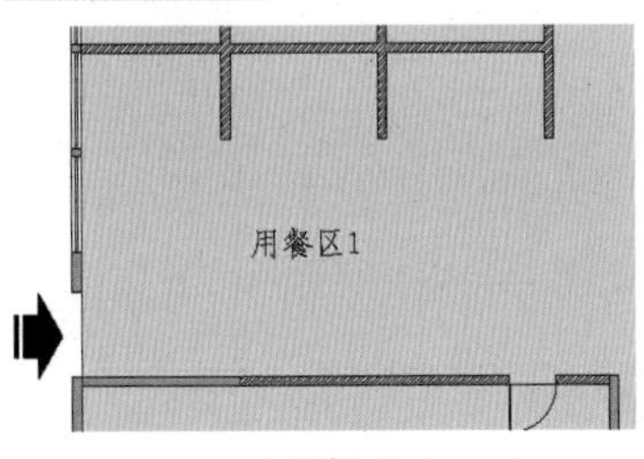

a）改造前

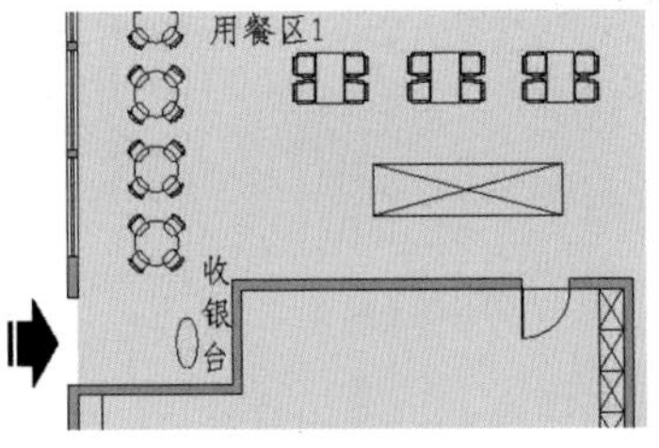

b）改造后

图 4-13　入口转折

←在距离餐厅入口 4m 处，将厨房右侧墙体向外推进 2.5m，增加收银台空间，同时也扩充了厨房的使用面积。

整合空间

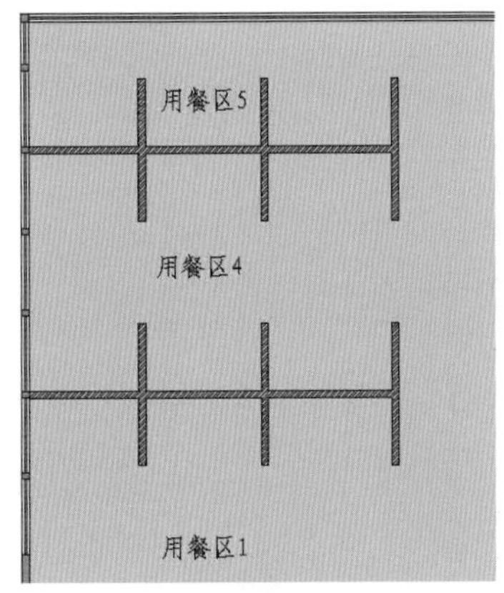

a）改造前

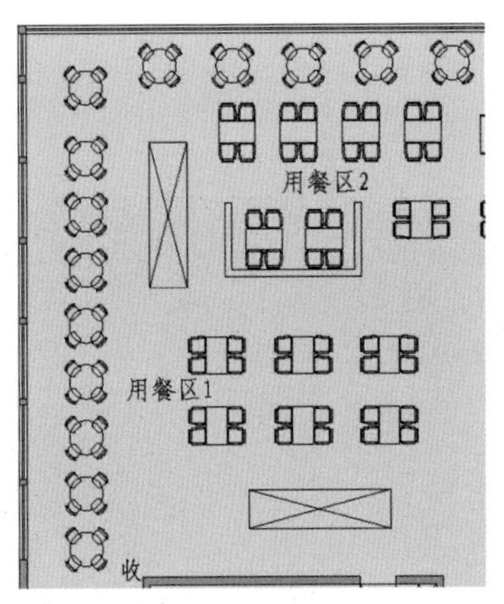

b）改造后

图 4-14　重构用餐区

←拆除原用餐区 1、用餐区 4、用餐区 5 之间的隔断，重新布局，对用餐区座椅灵活设计，打造多样化桌椅组合。

重新划分空间

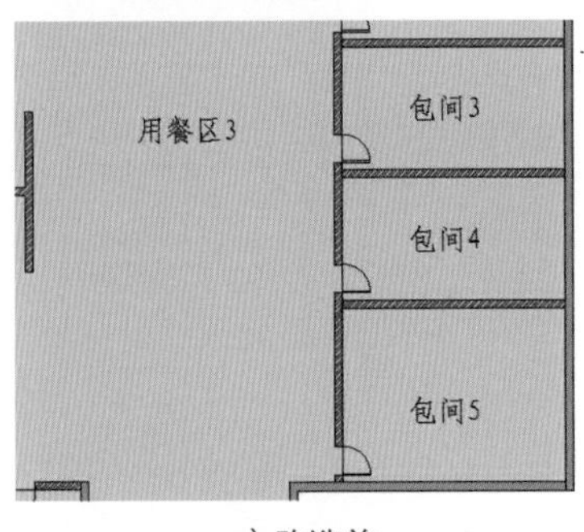

a）改造前

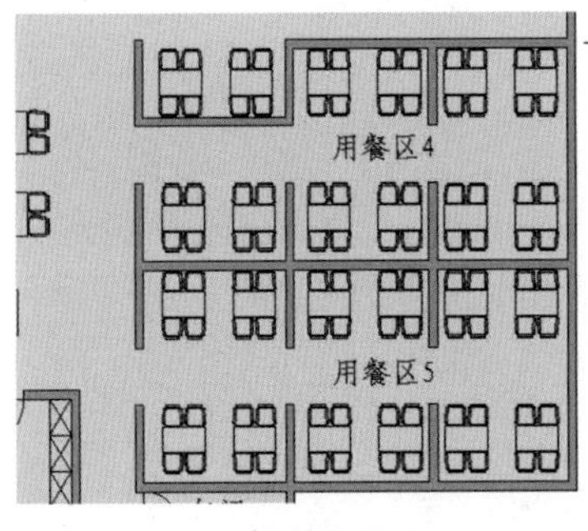

b）改造后

图 4-15　卡座区

←将原有包间拆除，重新设计为卡座区，同时保证用餐区的私密性。

内置包间

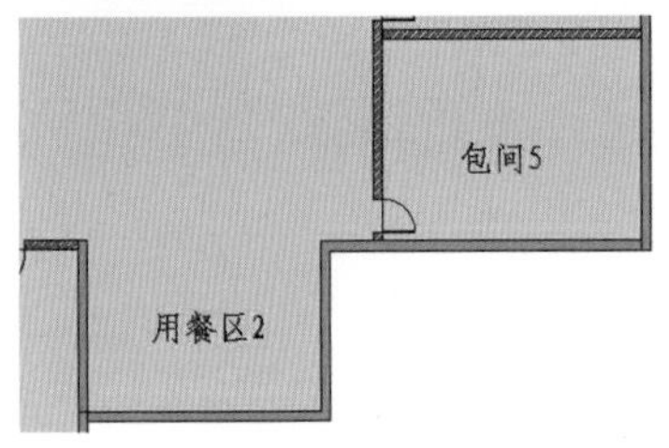

a）改造前

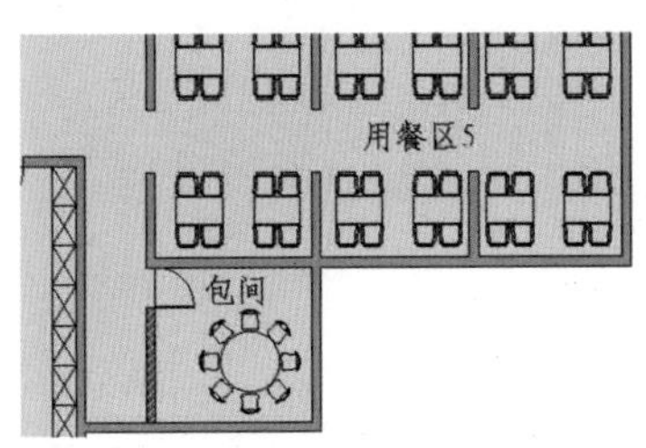

b）改造后

图 4-16　包间设计

←延长原包间 5 与用餐区 2 之间的墙体 4.2m，在保留 1.6m 宽走道的情况下，用墙体围合出包间。

图 4-17　卡座家具

↑卡座隔断中的餐桌可以横向或纵向放置，自由组合，可根据消费者数量任意调整。

图 4-18　组合卡座

↑用隔断划分空间，不仅能给消费者带来心理上的安心感，还能提高可达性，让整个用餐环境干净利落。

图 4-19　装饰隔断

↑隔断上选用黑白装饰画交错排列，搭配暖光灯照明，具有复古风格。

图 4-20　拱形门窗

←拱形的窗户和门营造出异域风情，顶棚和隔断上的画作给整洁的空间带来一丝趣味性。

图 4-21　走道铺装

←用地面的铺砖来划分区域，强调动线的方向与位置。

4.3 摒除门洞，格局再造

空间档案

使用面积：214m²

商业性质：餐厅

室内格局：服务台、用餐区、厨房、卫生间、接待区、茶水间、吧台区

主要建材：仿古地砖、文化砖、饰面板、乳胶漆、壁纸、胶合板、清水混凝土

★改造前→

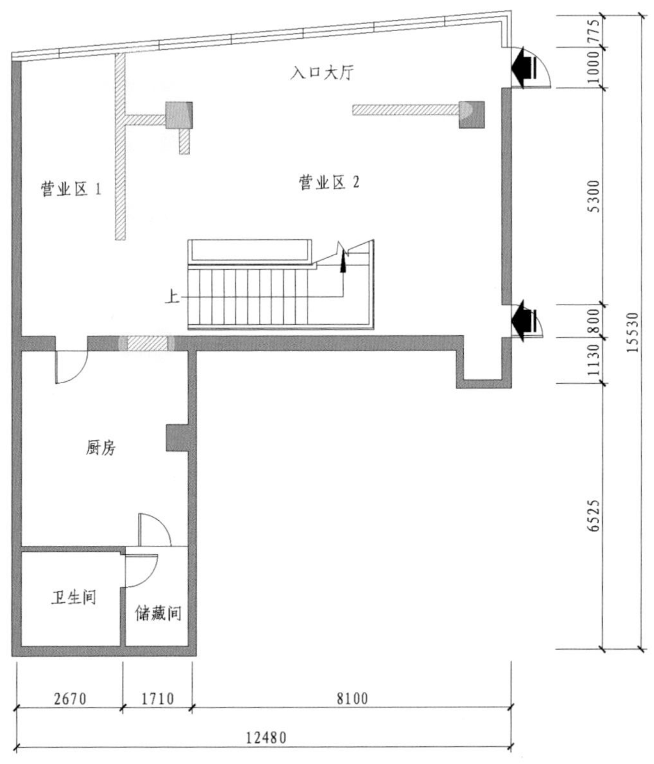

图 4-22 一层改造前平面

→该商业空间的前身是一家经营川菜的中餐厅，厨房空间非常宽裕，即使该空间是一个异形空间，整体的规划也是尽量做到方正。储藏间在厨房内部，卫生间又在储藏间旁，不仅显得动线设计不科学，更是不卫生。原设计开有两个大门，但是两个门没有明显的主次关系。

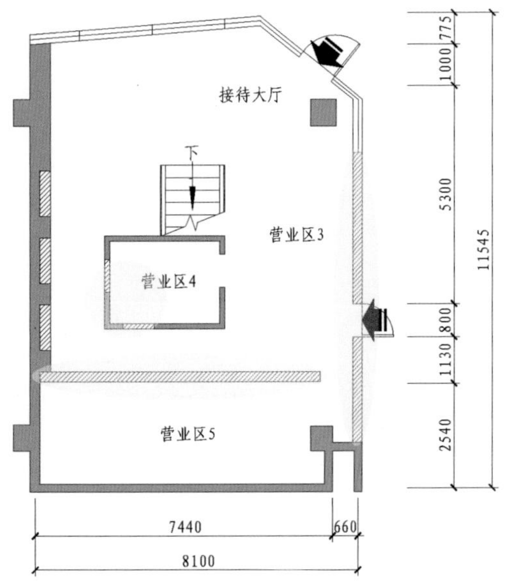

图 4-23 二层改造前平面

→二层面积比一层小许多，两层大门位置基本相同，为了提升客流量，不再变动大门的位置。二层没有专门的服务间，这样既不方便照顾二层的客人，还增加了员工的工作量。

★改造后→

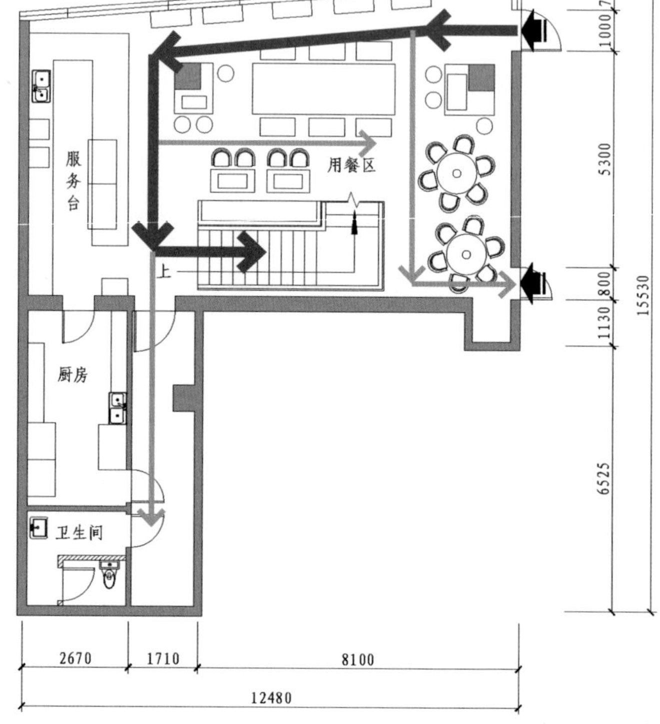

图 4-24　一层改造后平面

→扩大了用餐区，从入口进入店内要经过服务台前方才能上楼梯，消费者的动线在经营者的管理视线范围内。

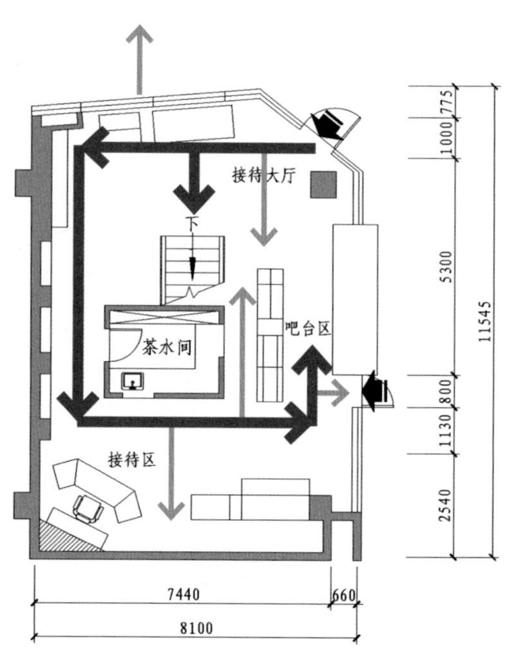

图 4-25　二层改造后平面

→二层增加了茶水间和接待区，将经营范围扩大，拓展了商业空间的功能。

整合空间

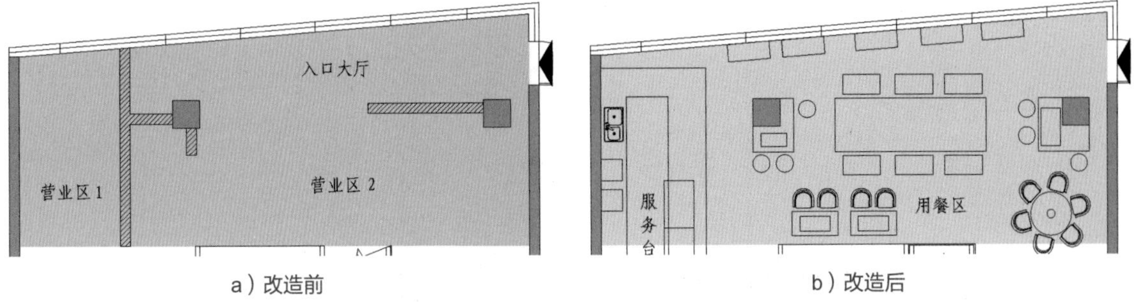

图 4-26 合并用餐区

↑拆除入口大厅与营业区 1、营业区 2 之间的墙体，仅留下承重柱。在里侧空地上安装定制橱柜。

划分厨房

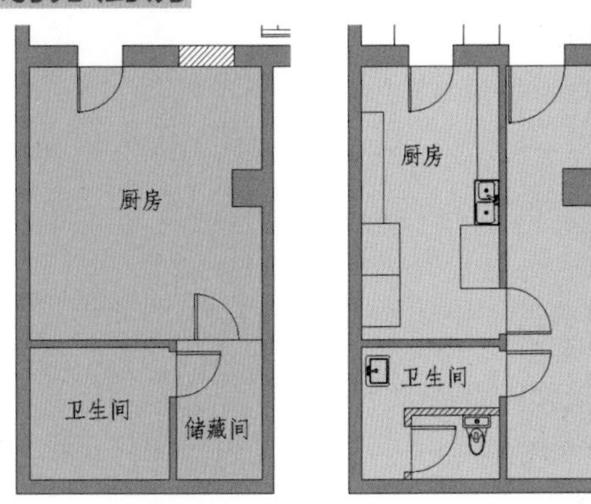

图 4-27 重构墙体

↑拆除厨房与储藏间之间的墙体，隔出一个 1.5m 的走道空间。这样不仅让厨房环境更干净、整洁，同时原本仅员工可用的卫生间现在消费者也能够使用了。

拓展吧台

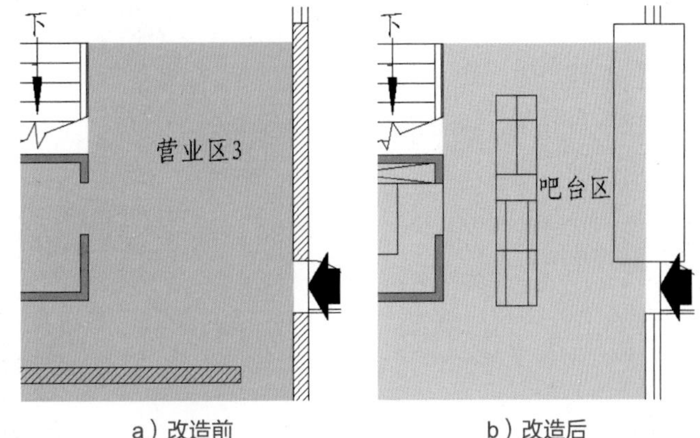

图 4-28 改造吧台

↑拆除营业区 3 与餐厅外走道之间的部分墙体，在此处安装定制吧台，将封闭的空间推出去。

增加茶水间

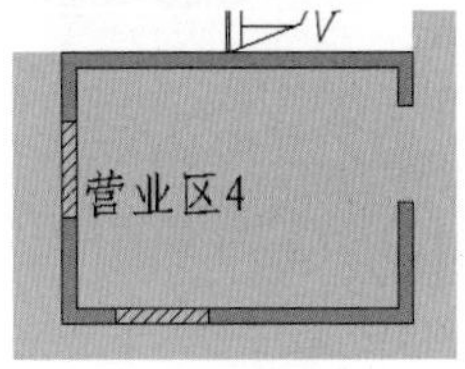

a）改造前

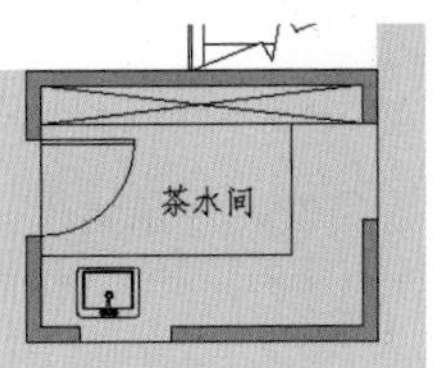

b）改造后

图 4-29 茶水间改造

↑将营业区 4 改为 2.7m × 2m 的茶水间，这样缩短了店员的工作动线，方便消费者点单。

补充接待区

a）改造前

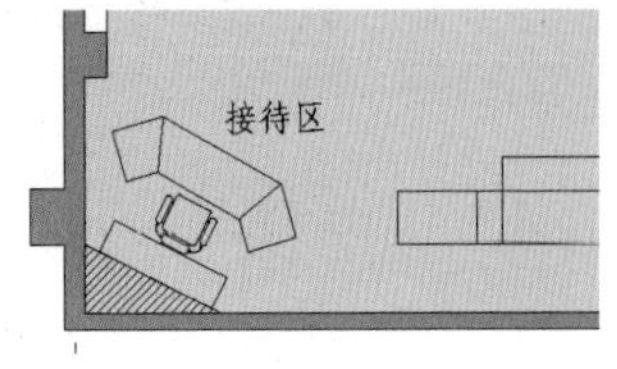

b）改造后

图 4-30 补充接待区

↑拆除营业区 5 与营业区 4 之间的墙体，让两处空间成为一处整体的休闲接待区，同时也能补偿被茶水间占据的营业空间。

图 4-31　用餐区

←西餐厅的装修风格具有异域风情，各种绿植的搭配加上座椅的点缀，让空间有如爱丽丝仙境一般的奇妙有趣。

图 4-32　服务台视角

←该商业空间没有过多的隔断或墙体对空间进行划分，没有有意或无意的动线标识。服务台的灯光设计具有很高的辨识度，虽然服务台不在入口处，而在靠内侧的位置，但是能够让消费者一眼识别出来。

图 4-33　地面铺装

↑二层铺设的复古地砖让整个空间充满自然的气息，浪漫的气息可以延缓消费者在动线上的速度，让消费者慢慢品味店内空间优雅的格调。

图 4-34　吧台

↑窗台旁的墙面倾斜铺设复合木地板，在视觉上让吧台空间具有流动性。

4.4 复古风情，由一变二

空间档案

使用面积：390m²

商业性质：餐厅

室内格局：厨房、用餐区、储藏室

主要建材：防腐木地板、胶合板、乳胶漆、壁纸

★改造前→

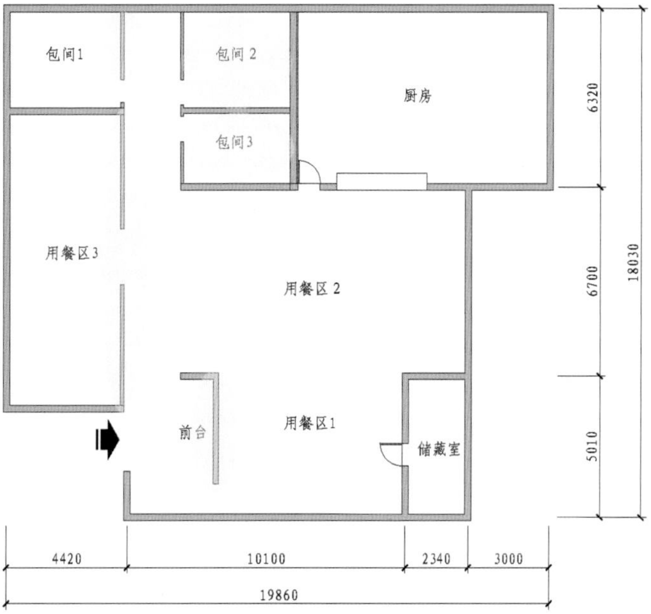

图 4-35 改造前平面

→在进门处有一堵墙将空间分成前台和用餐区，这是一种比较好的方法，既能让用餐空间具有一定的私密性，又能在一定程度上遮挡储藏室的门。用餐区 3 与用餐区 2 被一堵实墙分割开来，这样就会导致用餐区 2 整个处于全封闭的环境中，有可能会显得比较压抑。

★改造后→

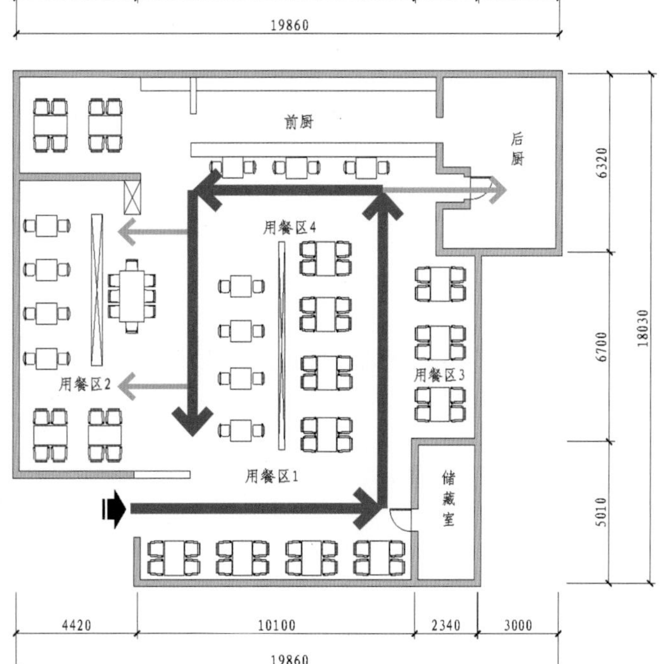

图 4-36 改造后平面

→该空间改造前后都是餐饮空间，但是改造时无包间要求，因此可以让大部分空间得到更合理的利用。

格局重塑

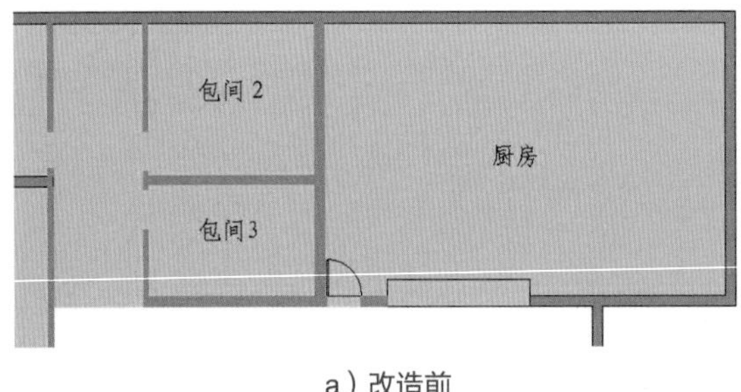

a）改造前

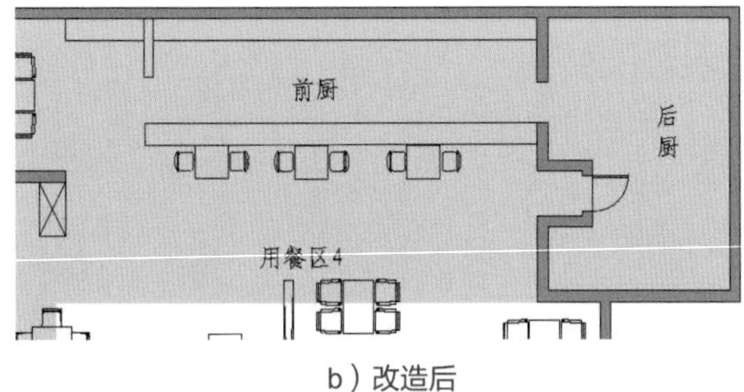

b）改造后

图 4-37　整改厨房

↑拆除包间 2、包间 3 的墙体，重新定义厨房空间，安装定制橱柜，将前厨做成半开放式空间。

巧用隔断

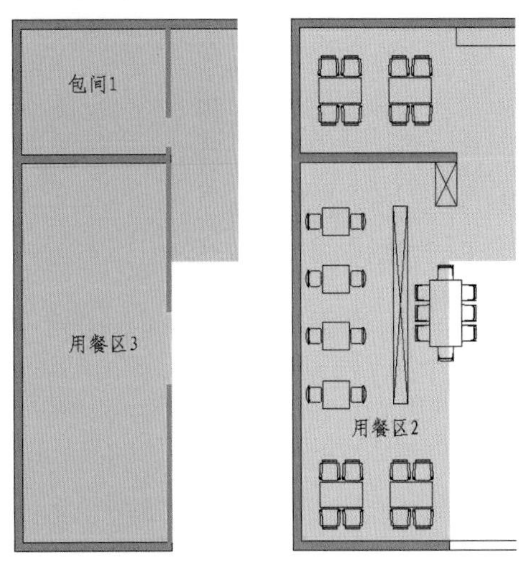

a）改造前　　b）改造后

图 4-38　拓展用餐区

←拆除原包间 1 与走道之间的墙体。拆除原用餐区 3 与用餐区 2 之间的墙体，取而代之的是在这两个空间之间安装定制高柜，充当隔断，分隔空间。

通透流畅

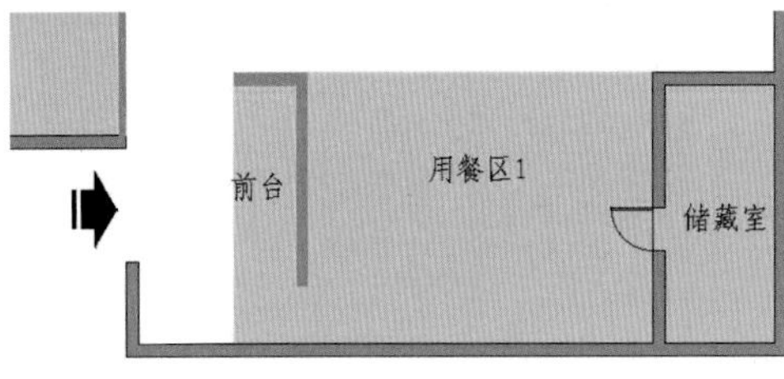

a）改造前

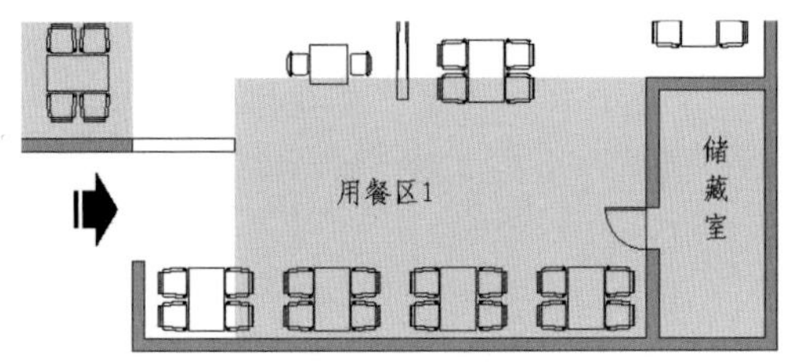

b）改造后

图 4-39　开辟入口动线

↑拆除原前台与用餐区 1 之间的墙体，将入口空间改成具有良好的可见性和识别性的空间。直入大门后能快速进入用餐区就座，提高用餐区消费者的行进速度与空间利用率。

图 4-40　动线转角

←这种前后厨分开的方式，明确了工作空间，又能够提高工作效率。后厨做油烟较大的餐食，前厨做轻食以及咖啡饮品，二者的空间动线既连接又独立。

图 4-41　用餐区

←隔断采用的是可推拉的移动玻璃隔断，这种隔断即能够让空间显得通透，又具有一定划分区域的作用。可以移动的隔断能够根据需要，选择拉上或敞开，随意性非常强。同时该隔断也无意中将一条主动线分成了两条次动线。

图 4-42　主通道

↑该商业空间的装修充满了复古异域风情，华贵与落魄共存。主通道宽度保留充裕，能让消费者轻松进入各用餐区。

图 4-43　灯具与玻璃隔断

↑灯具与墙面装饰画风格一致，表现出复古情怀。

4.5 不同方案，择优去劣

空间档案
使用面积：560m^2
商业性质：餐厅
室内格局：厨房、收银水吧、仓库、用餐区、卫生间
主要建材：仿古砖、文化砖、防腐木条、墙纸、乳胶漆、壁纸

★改造前→

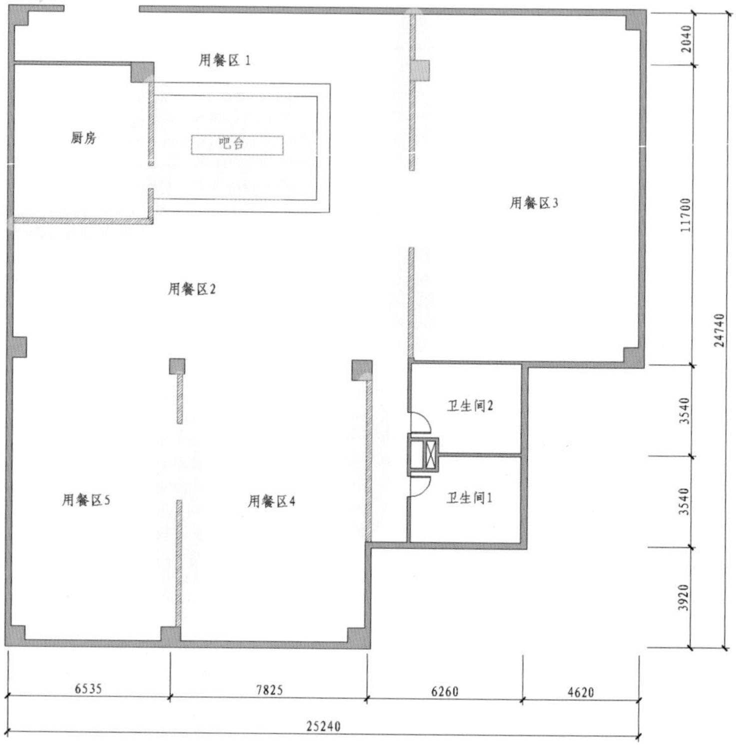

图 4-44　改造前平面

→现有方案用实墙将功能区隔开，这样显得单调压抑。卫生间与用餐区 4 之间的墙体虽然是能将卫生间与用餐区隔离开来，但是如果用餐区 5 的消费者要去卫生间，那么途径的动线就很长。

★改造后→

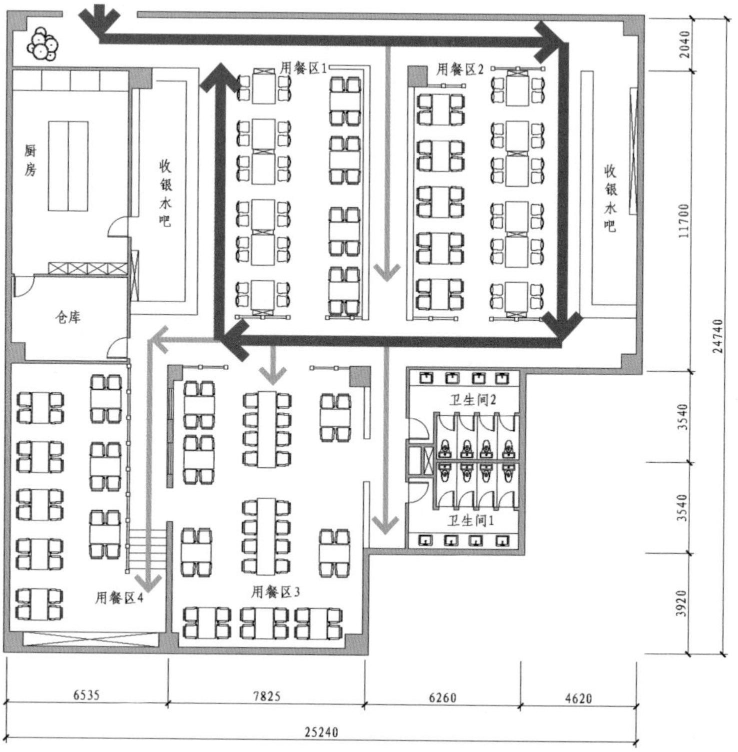

图 4-45　改造后平面

→改造后，空间中的动线呈序列状，将多个用餐区明显区分开，便于在客流量不大的情况下能分区营业，降低经营成本。

变实为虚

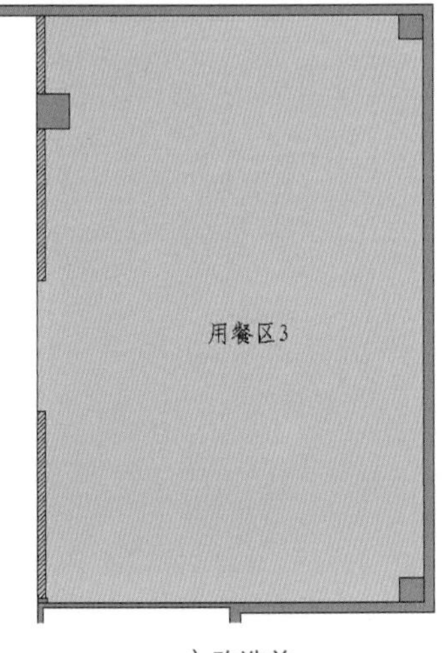

a）改造前

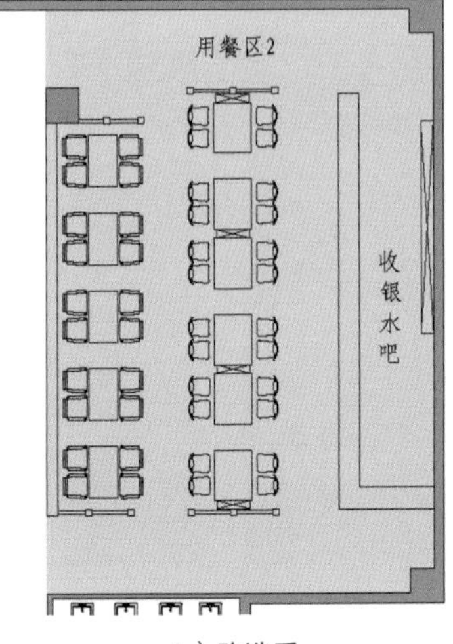

b）改造后

图 4-46　整改用餐区

←拆除原用餐区 3 与用餐区 1、用餐区 2 之间的墙体，取而代之的是用卡座和复古隔断对现区域进行划分。在里侧靠墙处安装定制橱柜做收银水吧，这样就能及时照顾到该区域的所有客人。

简化动线

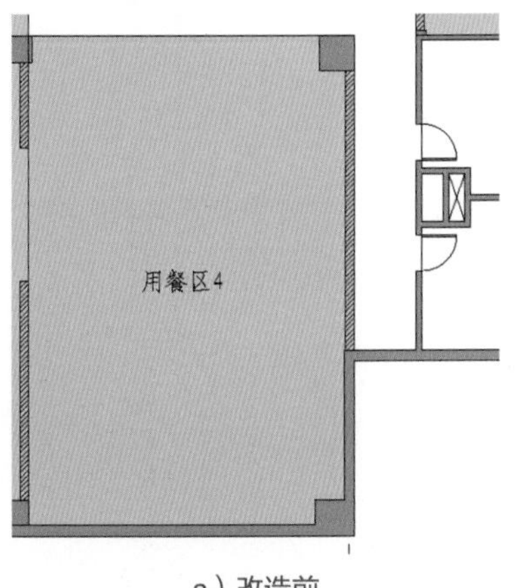

a）改造前

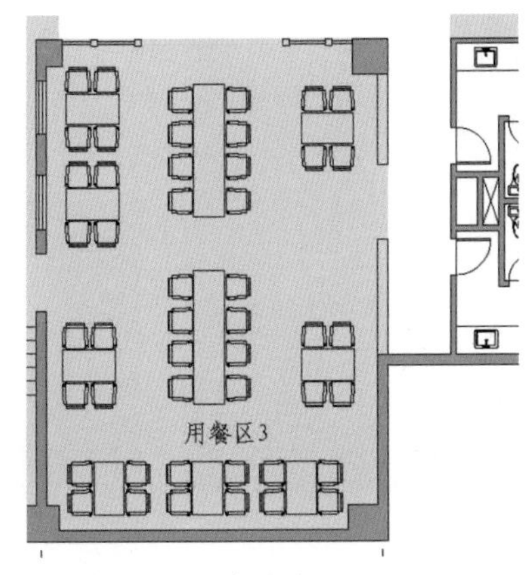

b）改造后

图 4-47　组合动线布置

←拆除原用餐区 4 周围的部分墙体，在用餐区与卫生间之间开一个宽 1.6m 的门，这样既能够起到隔断的作用也能够让复杂的动线简单化。

墙体拆除

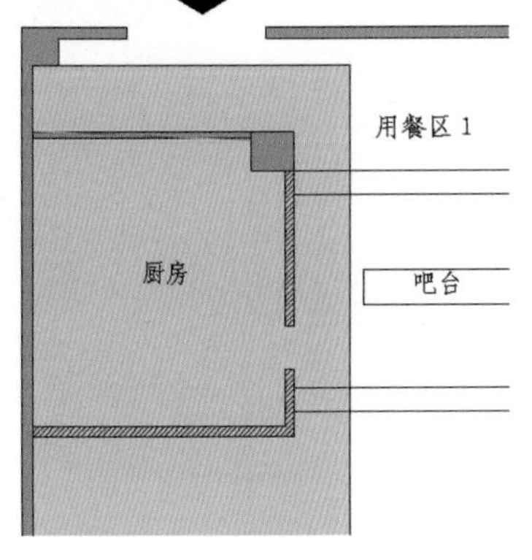

a）改造前

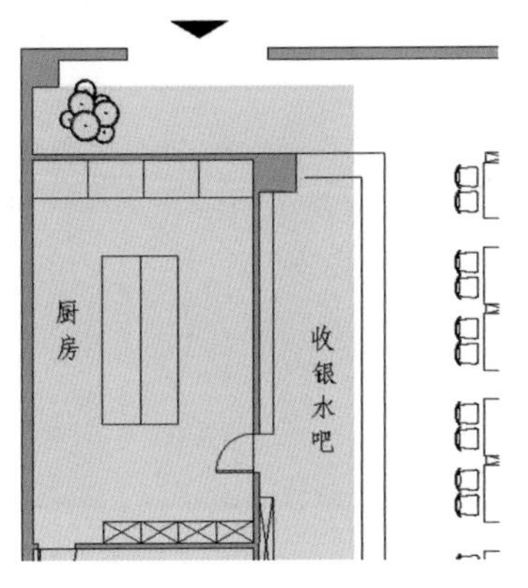

b）改造后

图 4-48　整改厨房

←拆除原厨房与吧台之间的墙体，重新围合成一个 4.6m × 5m 的厨房和一个 4.6m × 3.2m 的仓库，并打通这两个空间，让其动线连通。

图 4-49　用餐区布置

↑在一西一东各设置一个吧台，减少员工行进路线，提高工作效率，方便消费者用餐。

图 4-50　用餐区内部走道

↑用餐区内部走道宽度设计在 1m 左右，节省室内空间，同时保证动线流畅自然。

图 4-51　用餐区之间的走道

↑用镂空木栏代替实体墙当隔断，在视觉上显得空间更宽敞，这种低矮的木栏隔断相较于实墙有更好的可见性。

图 4-52　用餐区隔断

↑与实墙相比，隔断对空间的划分更灵活，由隔断划分的主次动线相互交叠，可达性更高，利于消费者在行进中辨别动线。

图 4-53　灯具局部照明

↑灯具照明集中在桌面上，明确功能主题，向下的灯罩聚光性很强。

4.6 分区简化，优化空间

空间档案
使用面积：400m²
商业性质：餐厅
室内格局：厨房、等位区、仓库、用餐区、卫生间
主要建材：仿古砖、文化砖、防腐木条、墙纸、乳胶漆、壁纸

★改造前→

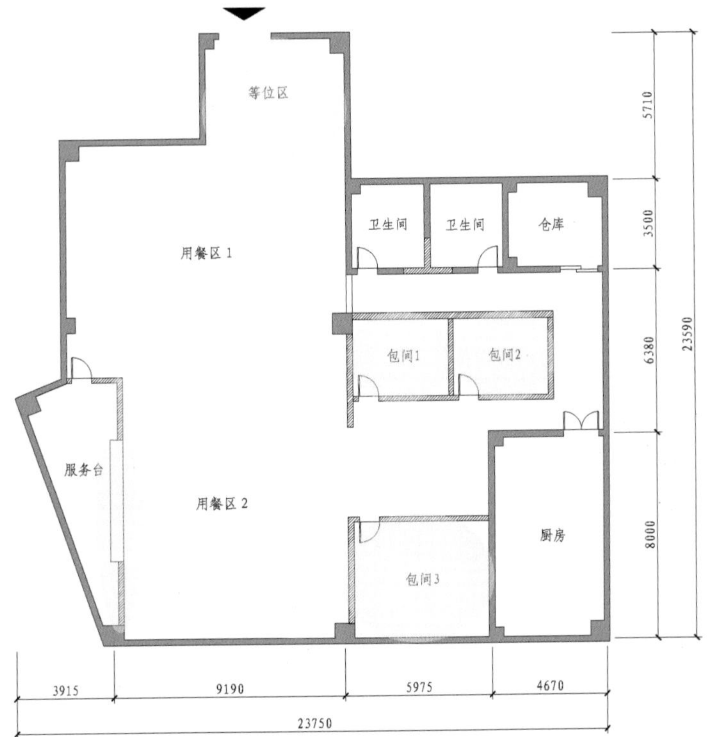

图 4-54 改造前平面
→餐饮空间的入口与室内直对，没有任何遮挡的措施，暴露了店内的环境。包间 1 与包间 2 的存在能对卫生间进行遮挡，但是从另一方面来说会使原本简单的动线变得更为复杂。三个包间占据太多空间，使座位摆放率大幅下降，不能最大化利用空间，降低了收益。

★改造后→

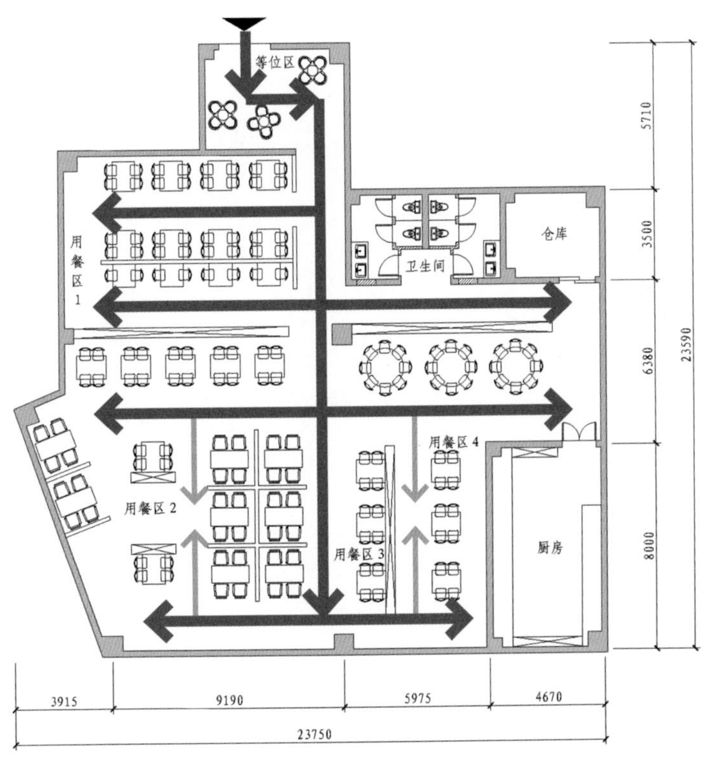

图 4-55 改造后平面
→所有用餐区均为开放式，对动线的划分就比较明显了，桌椅之间的间距更宽松，行走更流畅，提高了动线的使用效率。

入口屏障

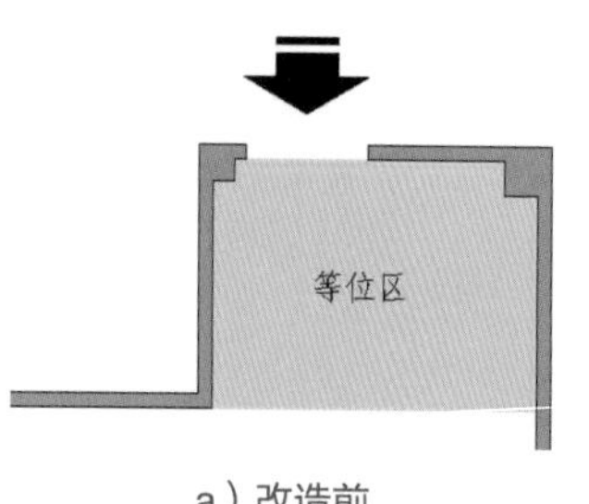

a）改造前

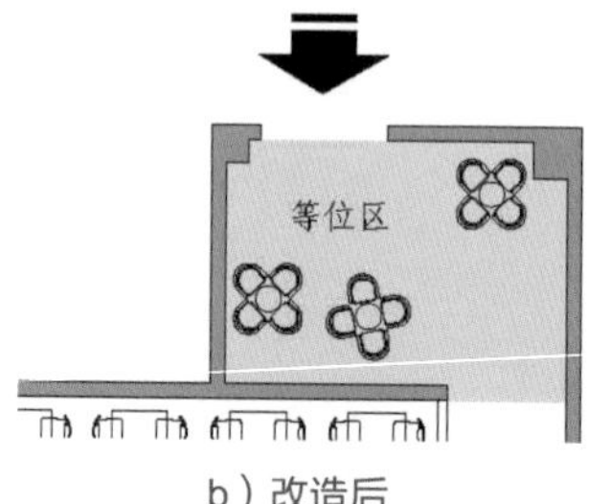

b）改造后

图 4-56　整改等位区

←在等位区与用餐区之间砌一道长 3.5m 的墙体，将入口处与内部的用餐区做区分。

清除包间

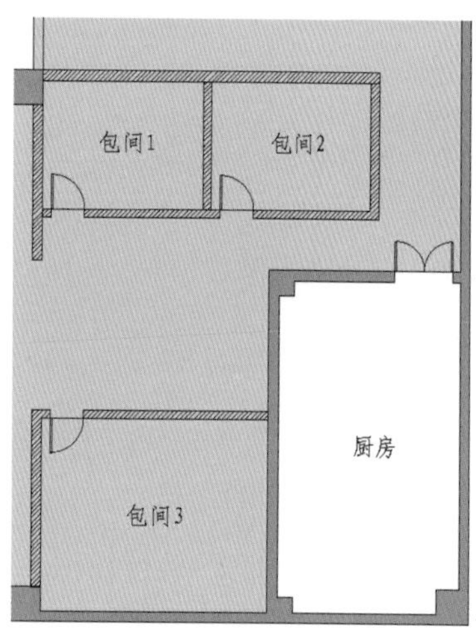

a）改造前

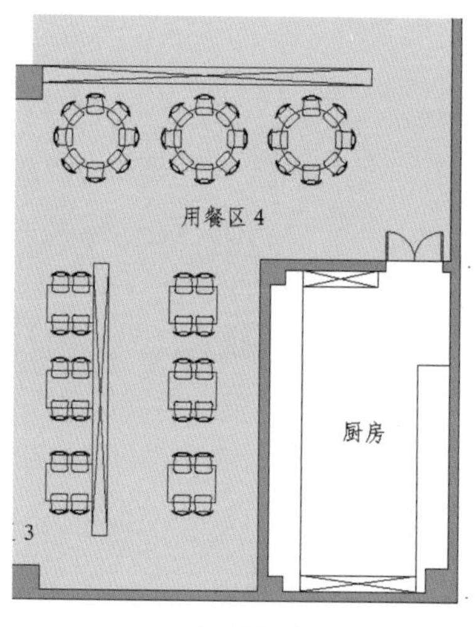

b）改造后

图 4-57　整改用餐区

←拆除原包间 1、包间 2、包间 3 周边的墙体，取而代之的是以包间 1 的承重柱为基准，安装一套长 8.1m 的陈列柜作为隔断使用。

巧做分隔

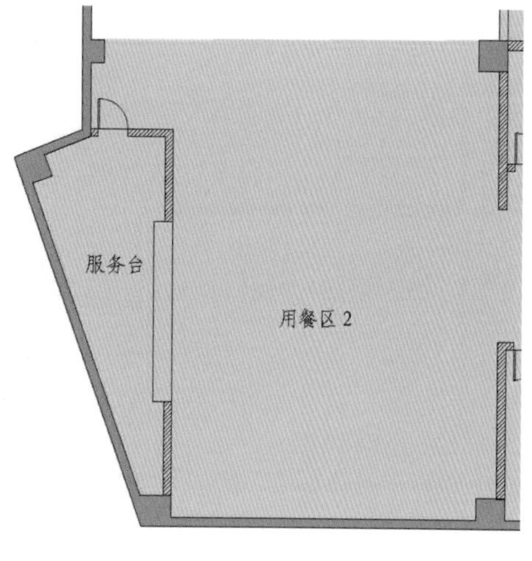

a）改造前

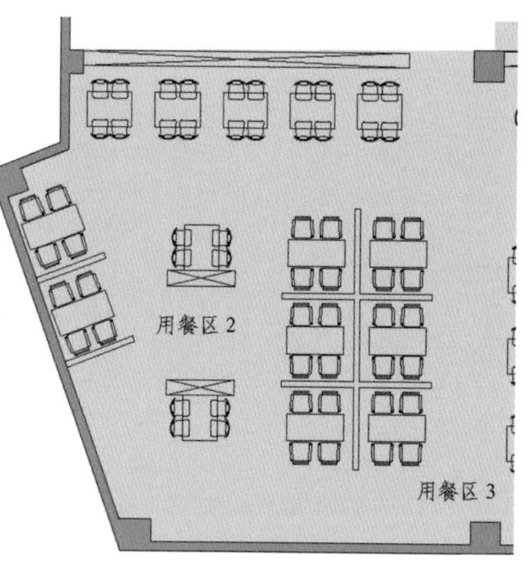

b）改造后

图 4-58　异形布局

←拆除原服务台与用餐区 2 之间的墙体，同样以用餐区 2 的承重柱为基准安装一套长 8.5m 的橱柜作为隔断使用。

图 4-59　用餐区转角

←为了让原本呈不规则形状的空间能够变得方正，沿着墙体布置桌椅与卡座。不一定所有不规则形状的空间都要掩饰，只要设计合理，一样出彩。

图 4-60　用餐区走道

←座位与座位之间用半高的木栅栏分隔开来，既能做到空间的独立性，又有良好的可见性。用陈列柜做隔断不仅好看，而且还有展示作用。

图 4-61　矩形卡座

↑整体的装修风格非常中式，特殊的座位设置划分出领域感。

图 4-62　吊顶造型

↑顶棚的装修非常丰富，充满了乐趣，打破了地面平直的僵硬感。

图 4-63　圆形卡座

↑吊灯与圆桌形成呼应，具有更适宜的照明效果。

4.7 特色风格，趣味十足

空间档案
使用面积：300m²
商业性质：餐厅
室内格局：厨房、开放厨房、用餐区、服务台、收银台、调料台、储藏室
主要建材：墙砖、花砖、胶合板、文化砖、乳胶漆、壁纸

★改造前↓

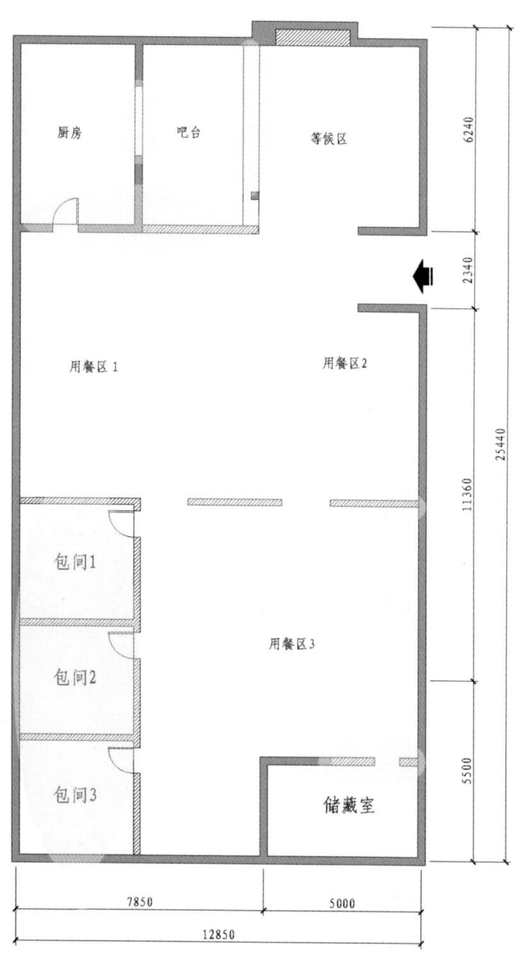

图 4-64 改造前平面

↑等候区的座位过多，吧台的位置也有点过于宽敞，这种设计方式明显浪费了可盈利的空间。原用餐区 2 与用餐区 3 之间的墙体如果不是为了跟装修风格相搭，完全没有设置的必要。传统餐饮空间中的包间使用率越来越低，逐渐被散座取代，这对动线设计提出了新的要求。

★改造后↓

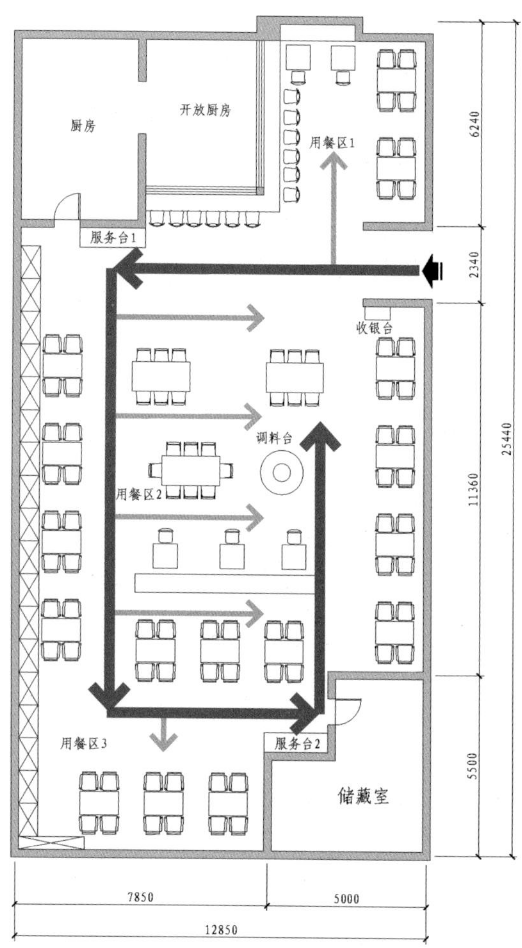

图 4-65 改造后平面

↑重新改造后，4 人桌占据空间主导，整体空间采取环绕式动线布局，将储藏室转变为折角造型，顺应环绕式动线走向。

区域消除

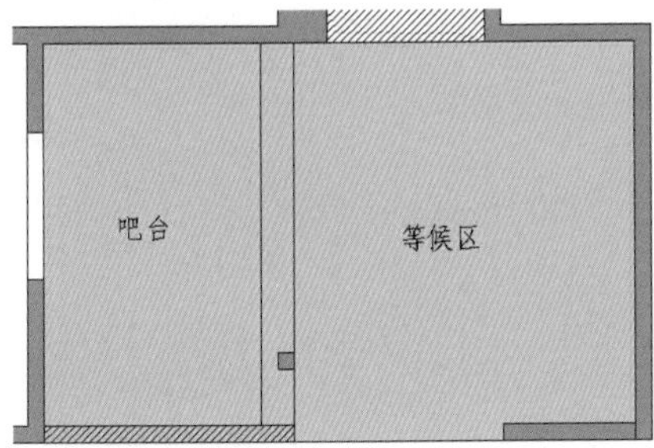

a）改造前

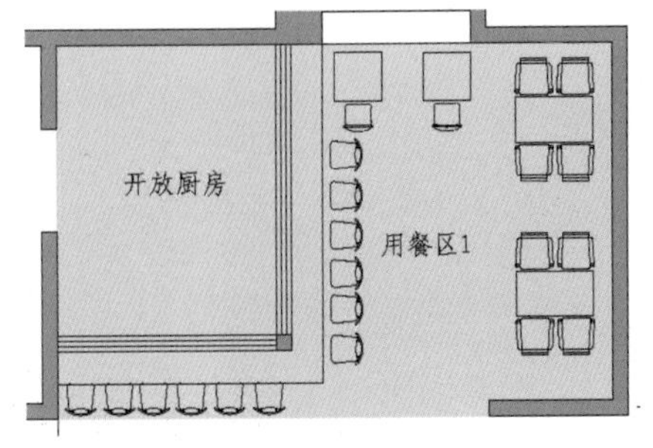

b）改造后

图 4-66 增设用餐区

←拆除原吧台与用餐区之间的墙体，将吧台改成开放厨房，将原等候区取消。

空间合并

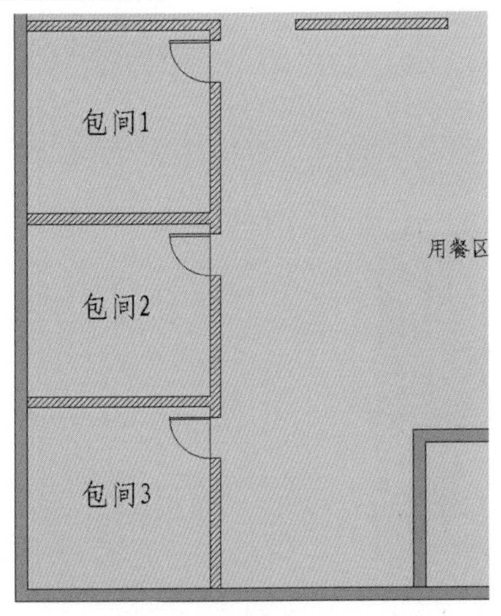

a）改造前

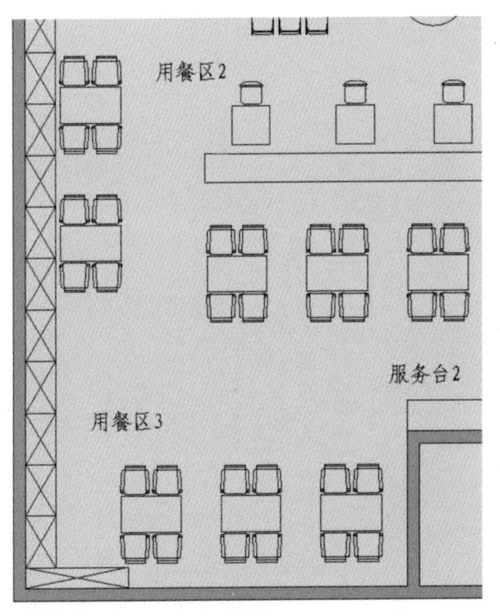

b）改造后

图 4-67 拆除包间

←拆除原用餐区 2 与用餐区 3 之间的墙体，拆除三个包间的所有墙体，将原独立空间改为开放空间。

空间拓展

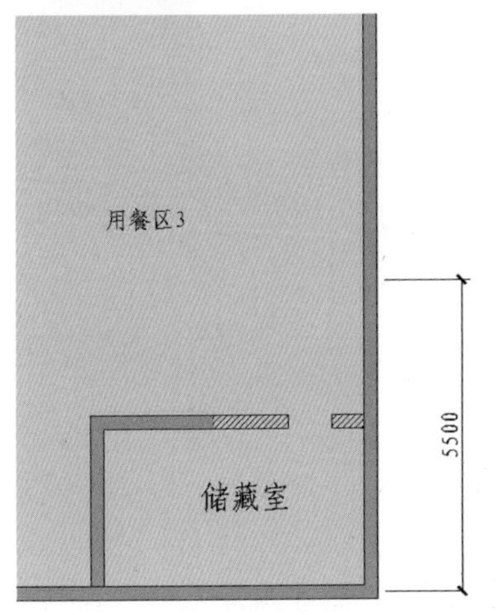

a）改造前

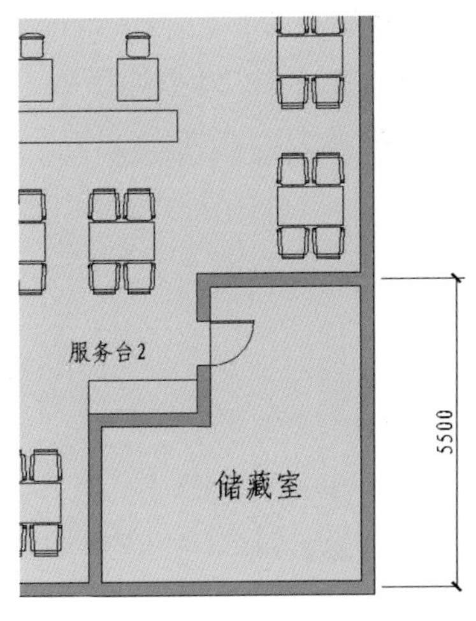

b）改造后

图 4-68 储藏室变形

←拆除原储藏室门口 2.7m 长的墙体，以其为基准拓展出 2.7m × 2.5m 的空间，扩大原本比较小的储藏室。

图 4-69　转角吧台

↑将原本的等候区取消，把吧台改成可用餐的开放式厨房之后，不仅增加了入座率，同时还简化了员工的工作动线。

图 4-70　用餐区走道

↑利用地砖来标明行进动线，增强用餐区占地区域的识别性。

图 4-71　用餐区屏风

↑用屏风来进行区域的划分是一种比较理想的做法，特别是活动屏风更方便改变室内的格局，增强空间动线的趣味性。

图 4-72　墙面装饰细节

→墙面横向铺设旧砖，其中插入瓦片营造复古的造型。

第5章

动线规则心中记：优化空间

学习难度：★★★★★

重点概念：规则、趣味、下层、生态

章节导读：动线的设计过程冗长又复杂，不仅在规划上要做到滴水不漏，在设计调研过程中也要尽心尽力，要充分考虑商业定位、地理环境、业态规模、消费者行为习惯、店铺分区、消防通道等要素。

5.1 动线规则

商业空间中的动线复杂，要从宏观入手，先将大动线规划好后，再进行局部动线设计，动线设计要合理规范，遵循动线规则，还要将动线的形式感做得更细致。

5.1.1 圆角优于直角

在商业空间设计中，圆角比直角更能够在平缓状态中改变消费者的行进路线，同时在视觉上也留出缓冲区，不会如直角那般让人感到疲惫。尤其在商品陈设方面，圆角空间会让消费者更愿意前去，并逗留更长时间（图 5-1 ~图 5-4）。

图 5-1　弧线吧台

↑弧线吧台引导消费者缓步前行，让消费者在面积不大的空间内获得更多兴趣点。

图 5-2　直线吧台

↑直线吧台引导消费者快步前行，适用于纵深较大的空间。

图 5-3　圆弧展示柱

↑柱子原本是方形的，现在外部装饰成半椭圆形，形成圆角展陈橱窗，引导消费者在此停留，从多个角度都能观赏到。

图 5-4　圆角景观坛

→对景观坛进行圆角处理，能引出多个分支动线，引导消费者在分支动线中仔细品味商业空间中的景观造型。

5.1.2 长度适宜且分区明确

大型商业空间中的动线规划更为复杂，有的因为前期设计不到位，会出现过长动线，如果在这种动线的周围不进行优化补救，就会让消费者感到十分疲乏、单调。

功能分区与动线规划应当相辅相成，做好二者之间的协调互动能使动线更出色（图 5-5、图 5-6）。

图 5-5 多层长廊

↑多层环绕长廊形成固定景观造型。

图 5-6 圆弧走道

↑在运动品牌商业空间中引入跑道造型，长度根据具体空间面积确定，在主跑道的造型上还能引出多个分支动线，将消费者引导到各品牌专柜。

5.1.3 曲直结合

在直线走道为主的商场中，走道大多线条干净、整洁大方，尽可能地设置更多的店铺，但是从动线设计的角度来看，这种毫无变化的结构会显得单调枯燥，并且仅能展示部分店铺商品，无法突出个性。

如果让曲线和直线相结合，会产生意想不到的效果，能增加现代感与科幻感，能让人感到舒适、放松，在店面陈设上使用这种方式也会更加有亲和力（图 5-7、图 5-8）。

图 5-7 横梁结构

↑曲直结合的横梁构造让空间具有强烈的科幻色彩。

图 5-8 装修构造与台柜对比

↑吊顶与地面铺装造型为曲线，展陈台柜造型为直线，两者形成对比，丰富了主体动线中的视觉效果。

5.1.4 动线案例解析

将西饼店的主色调定为墨绿色，这是一个与众不同的创意。西饼专卖店的陈设、包装、设备、服装、灯光及背景音乐等环节都令人沉浸在精致生活的享受中。由于消费群体定位高，店面设计风格极为简约，倾向于高档服装店，提出少而精的布置理念。成品恒温货柜是主要展示道具，米色墙面装饰能体现西点特征，高档轨道射灯、不锈钢型材在同行的门店中也很少出现。此外，宽松的购物环境和良好的服务品质也是彰显格调的重要因素（图 5-9 ~图 5-13）。

图 5-9 店面造型设计

→粗糙的水泥板搭配真石漆制作的店面招牌底板，衬托出糕点的蓬松感，与主题 LOGO 招牌形成质感对比。

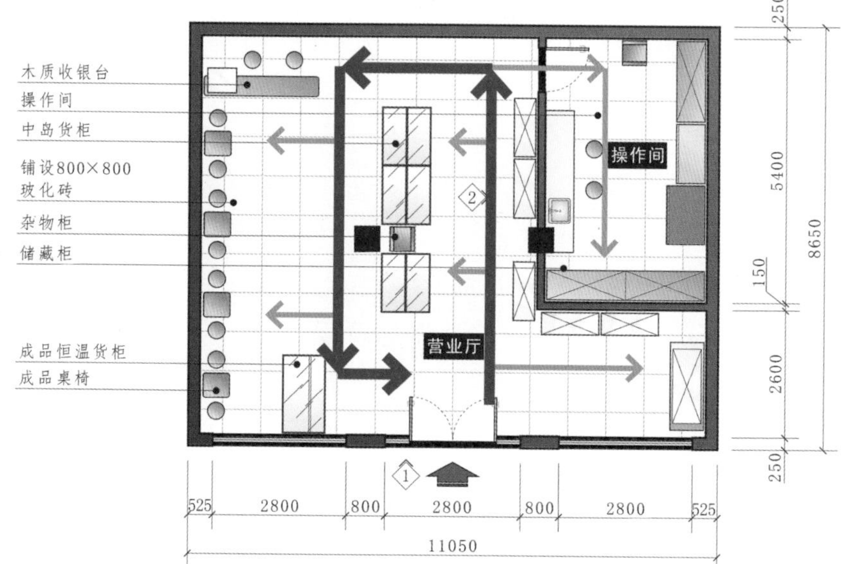

图 5-10 平面布置图

→主动线逆时针回旋，将店内所有功能区沿途布置，消费者在店内的动线为：观看制作——选取——付款——品尝——打包，动线将所有功能区有条理地组织起来。

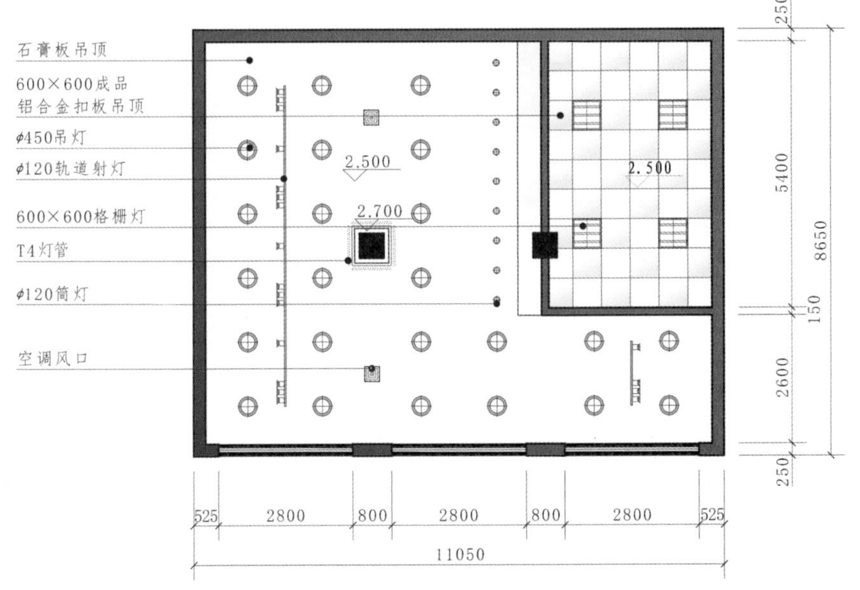

图 5-11　顶棚布置图

←灯具布置多样化，将不同规格的筒灯、射灯交替排列，在主动线上营造出明暗对比的效果。

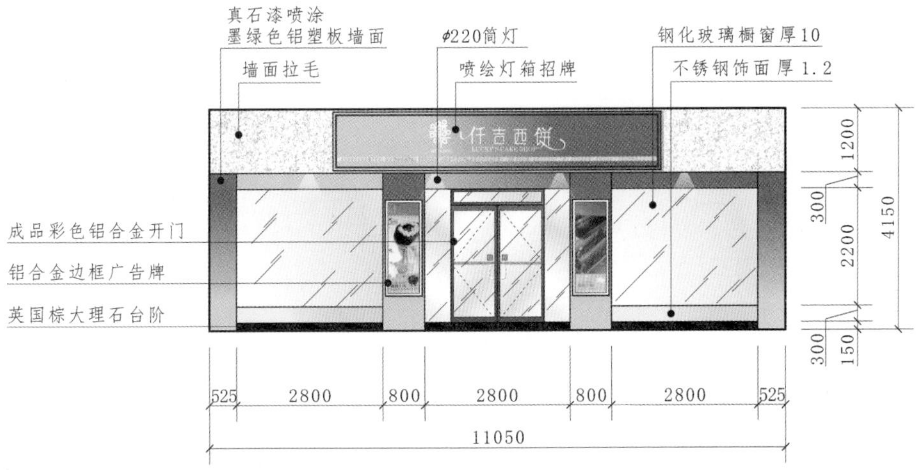

图 5-12　店门口立面图

↑定位为高端品牌的西饼店在视觉上与众不同、打破常规，用绿色基调、大面积玻璃激发消费者的好奇心，引导消费者向内观望，富有肌理质感的装饰材料强化了视觉对比效果。

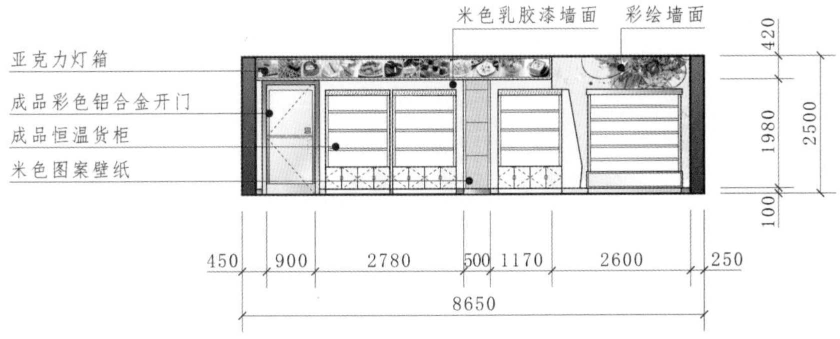

图 5-13　展示柜立面图

↑店内展柜布局沿着主动线布置，提高商品的展示容量，搭配产品图片引导消费者寻找对应商品，在动线上宣传商品特色。

5.2 趣味空间，别样动线

空间档案

使用面积：437m^2

商业性质：餐厅

室内格局：厨房、座椅区、包间、前台、储藏室

主要建材：藤条、胶合板、地砖、文化砖、墙砖、壁纸、乳胶漆

★改造前→

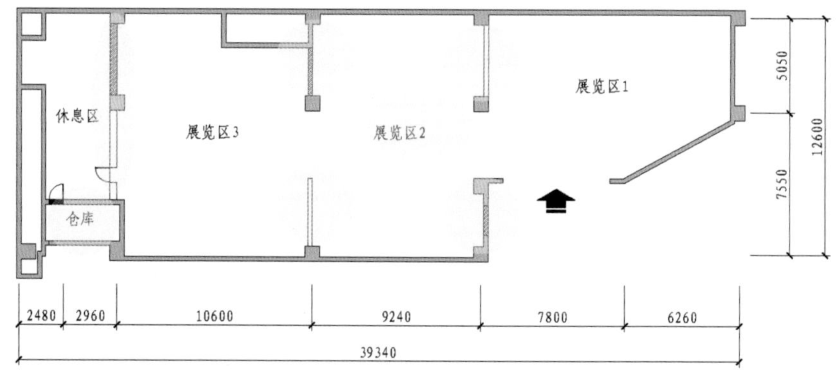

图 5-14　改造前平面

↑这处商业空间之前是一家综合商店，现改造为餐厅，二者的功能有所不同，所以需要在多处进行调整、改变。之前的商业空间分区是为了能将服装、鞋子、饰品分区设置，现餐饮空间对此没有要求。此外，之前的综合商店对厨房没有要求，现餐饮空间需增加一个厨房。

★改造后→

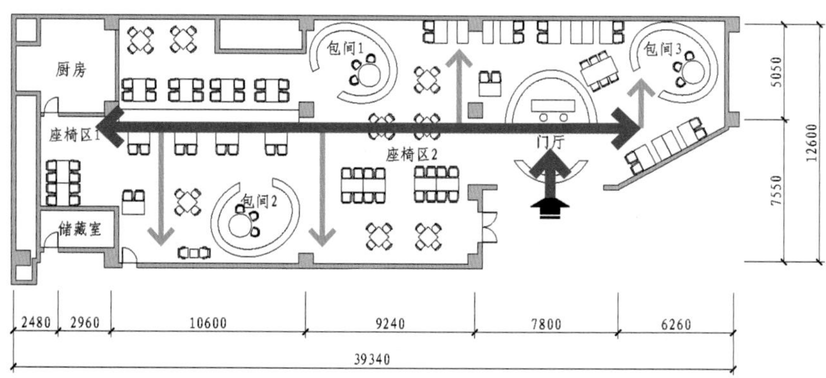

图 5-15　改造后平面

↑经过改造后，整体空间中的隔墙全部拆除，将用餐空间完全整合在一起，室内交通动线布局更加轻松，除了常见的二人座、四人座、六人座，还增加了弧形墙面打造出的富有动感的单体包间，这些包间形成圆弧形分支动线，让空间变得更加丰富。厨房与储藏室压缩在空间内侧，让大部分空间都用于招待消费者。消费者在室内走动时能随意变换方向，选择自己习惯的座位与方向，可选择余地较大，适用于提供专座预留服务的高档餐饮空间。

一分为二

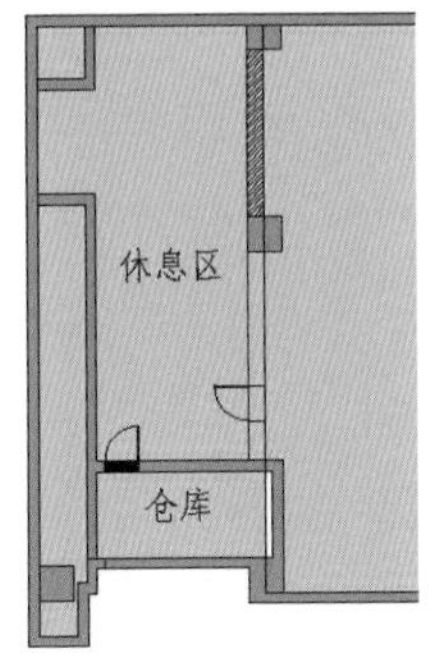

a）改造前

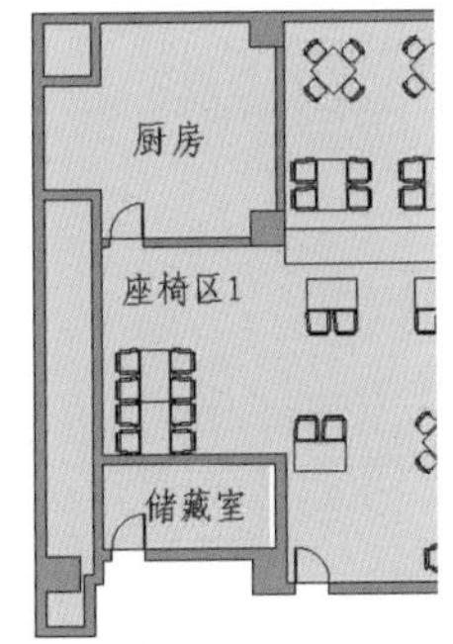

b）改造后

图 5-16 整改厨房

←拆除原商业空间中展览区 3 与休息区之间的部分墙体，以存留的墙体和承重柱为基准，将原本的休息区一分为二，一为厨房、一为座椅区。将原仓库的开门朝向改为连通餐厅外部。

打通空间

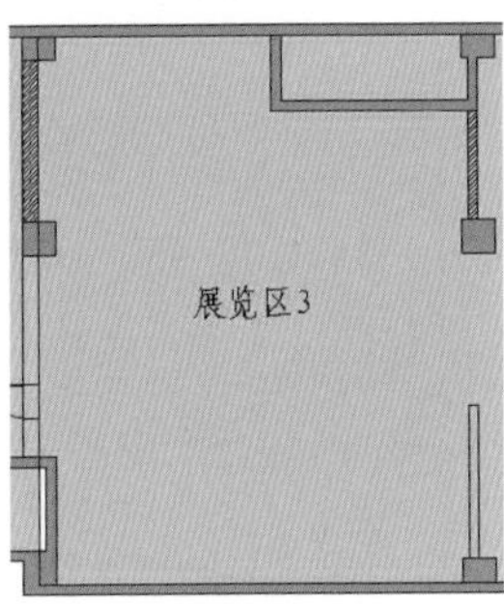

a）改造前

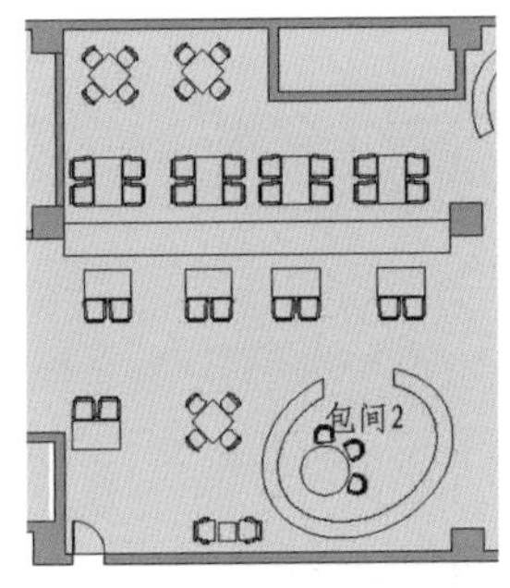

b）改造后

图 5-17 中央区域

↑餐饮空间不用对用餐区域进行细致分隔，因此可以拆除原展览区 3 与展览区 2 之间的墙体，仅留下承重柱，让被限制的动线变得更灵活。

动线流畅

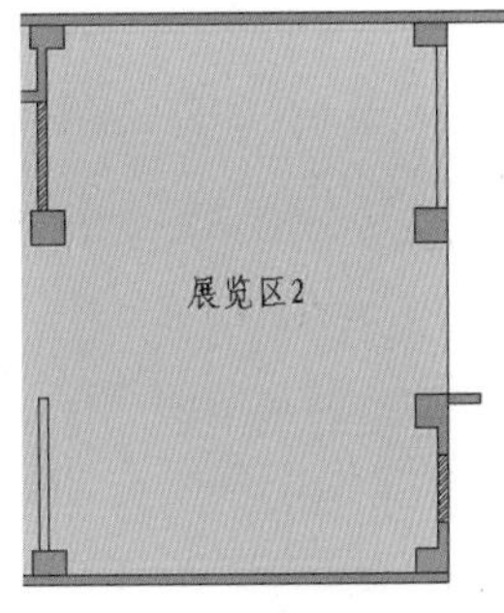

a）改造前

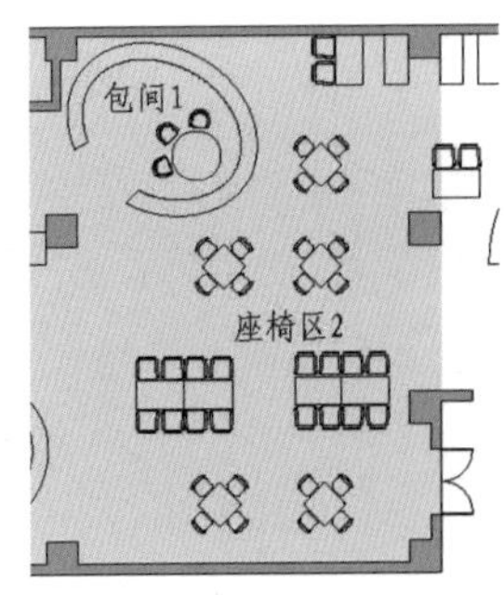

b）改造后

图 5-18 入口区域

↑拆除原展览区 2 与展览区 1 之间的墙体，让两个原本相对独立的空间能够互相交流，让动线更流畅。

图 5-19 走道

↑该商业空间平面虽然是一个五边形，但是整体来看还是非常工整方正的，这种规整的空间可沿着墙面布置家具，无论是曲是直都能创造不错的效果。

图 5-20　曲面造型设计

↑在方正的空间中创造曲面的方法非常多，用小的球形空间来决定整体大的方向是一种比较新颖的做法，在大空间中点点分布着几个小的曲面空间，加上顶棚的呼应，整体氛围就这样被创造出来了。

图 5-21　包间

↑用藤条创造的小空间给人一种复古、自然的感受，大空间中包裹小空间，意味着主动线套着次动线，层层叠叠乐趣无穷。

图 5-22　卡座围挡

→卡座周边的围挡采用曲直结合的渐变条形设计，搭配自发光箱体，具有梦幻色彩。

5.3 三大空间，动线多变

空间档案
使用面积：1466m²
商业性质：书店
室内格局：图书阅览区、儿童绘本馆、服务台、水吧台、食品间、办公室、仓库、阅读长廊、森林阅读区
主要建材：胶合板、防腐木地板、防滑地砖、墙砖、壁纸、乳胶漆、镜面玻璃

★改造前→

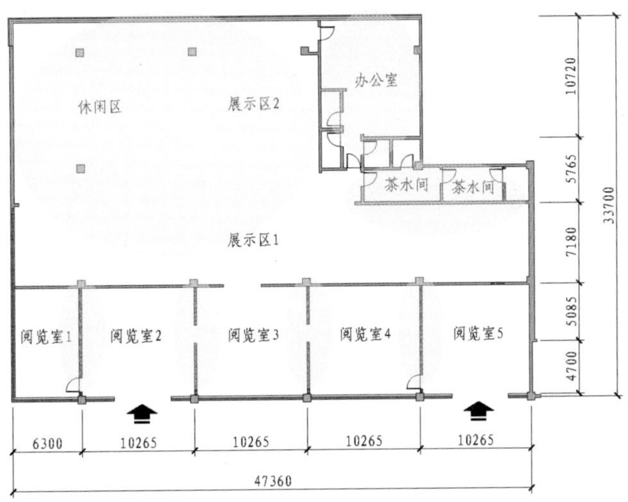

图 5-23　改造前平面

↑该商业空间是一家占地面积非常大的书店，与一般的书店不同，该书店前为小阅览室，后方才是开放的综合阅览区，现在需要根据设计要求对空间进行大改。因为原书店为仓储式书店，不需太多的仓库面积，办公室占了较多空间，但是现书店需要有比较大的存储空间，所以关于空间的分配就要重新考虑。

★改造后→

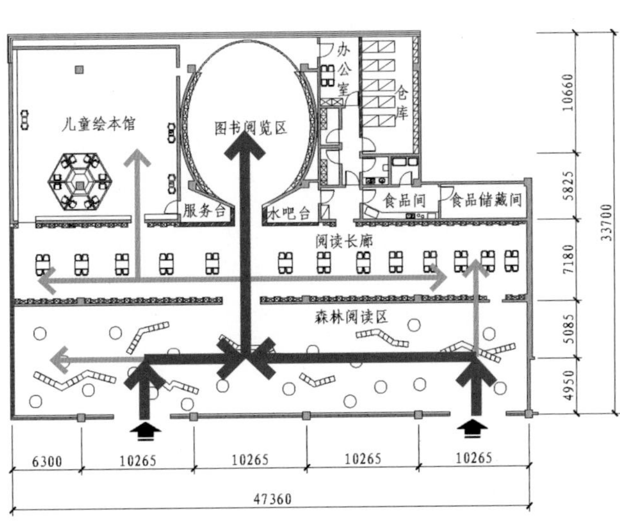

图 5-24　改造后平面

→改造后的书店被分为多个功能区，每个功能区都有自己的特色，整体动线为自由式，消费者可以根据自己的阅读喜好进入不同分区，在独立分区中形成环绕式分支动线。

围合空间

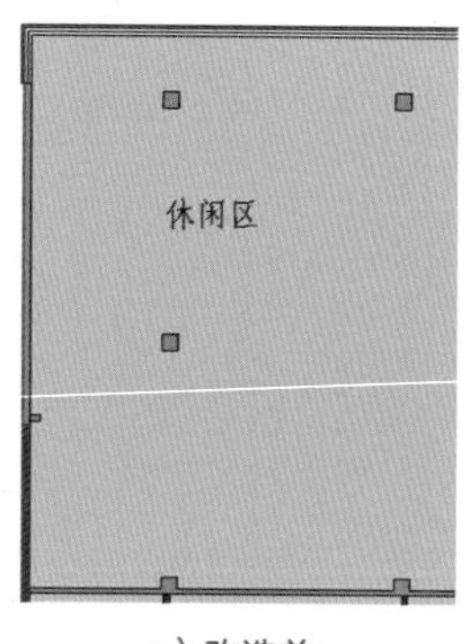

a）改造前

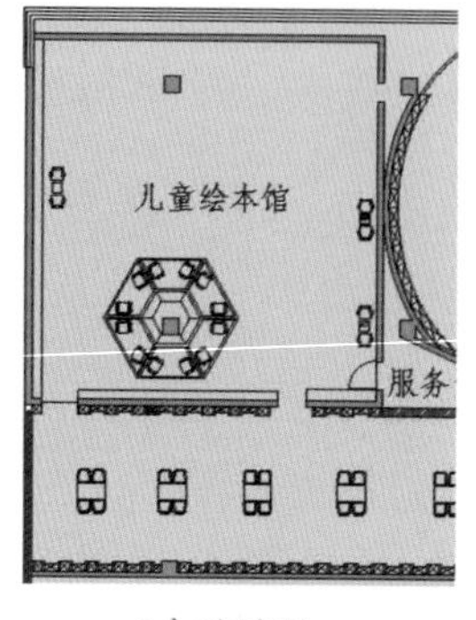

b）改造后

图 5-25　划分空间

↑以原休闲区为基准，围合一个 15m × 15m 的矩形空间做儿童绘本馆。

直中见曲

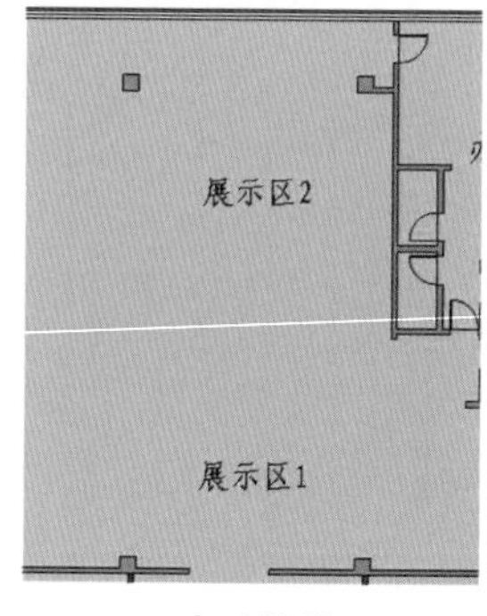

a）改造前

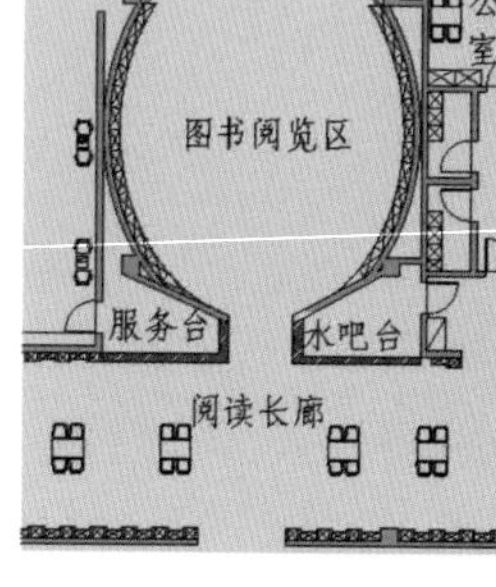

b）改造后

图 5-26　空间整形

↑在新建儿童绘本馆与办公室区域之间的 12m 空间中创造一个椭圆形空间，做图书阅览区。

由一变二

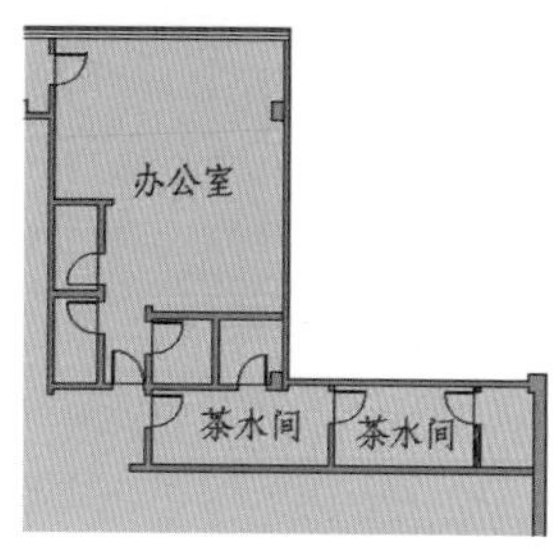

a）改造前

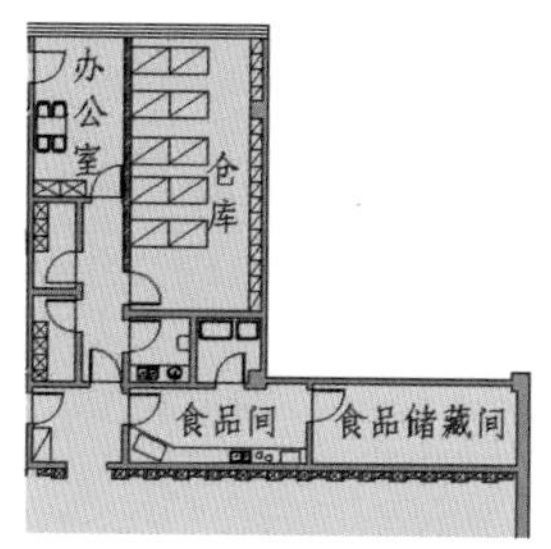

b）改造后

图 5-27　规整空间

←以走廊宽度为基准将原大办公室分成办公室和仓库，二者的面积比为 1 ： 2。

动线明朗

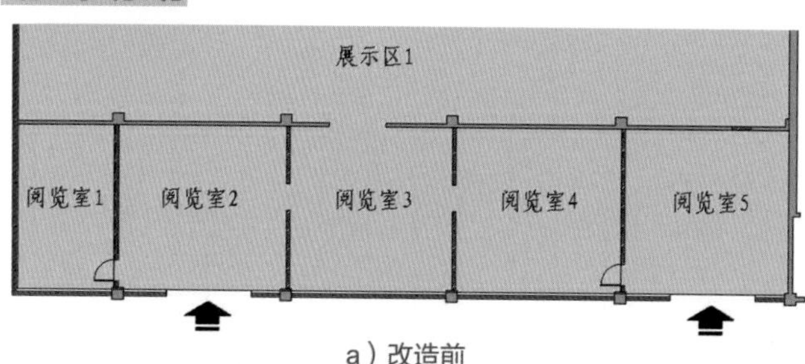

a）改造前

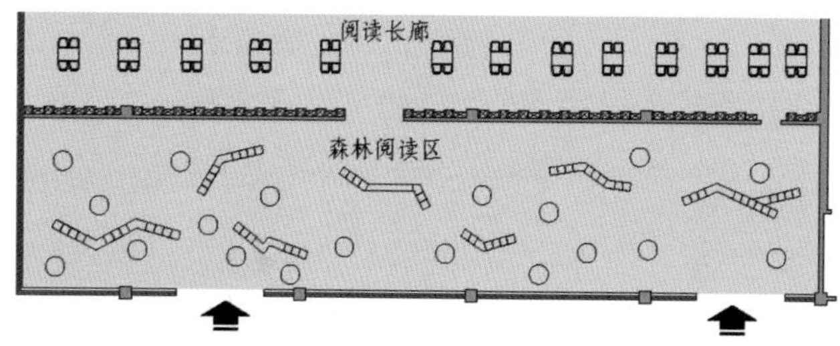

b）改造后

图 5-28　合并空间

←拆除原阅览室 1 ~ 5 之间的墙体，仅留下阅览室与原展示区 1 之间的墙体，让整个入口的阅读空间更大气、简洁、明朗，动线更流畅。

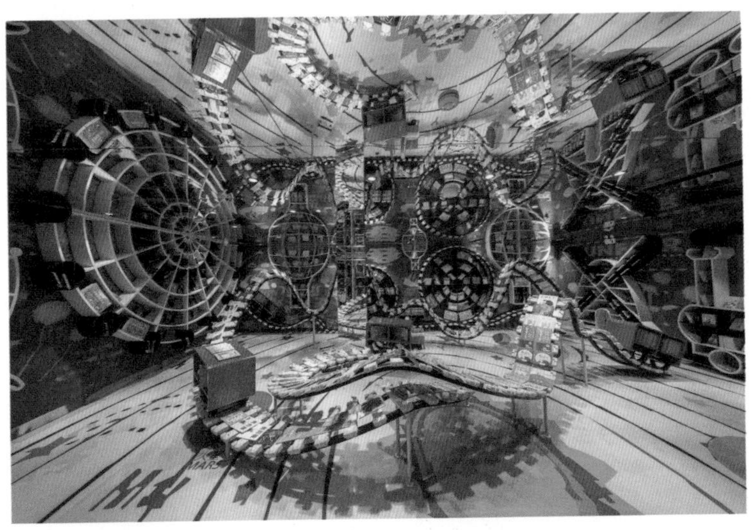

图 5-29 动感书架

↑儿童绘本馆的设计颜色鲜艳，吸引眼球，能够在第一时间引起少年儿童的兴趣。

图 5-30 通行门洞造型

↑儿童绘本馆中通行门洞融合到书柜中，让家具与动线相结合，动线节点犹如梦幻世界。

图 5-31 旋转木马造型

←在儿童绘本馆中，不管是动线的设计还是室内展示陈列的设计，都有曲线的元素，因为曲线相较于直线更有获得亲切感。展示陈列的货架也不再拘泥于单一的形式，而是用更加丰富且具有童趣的形式来展示图书。

图 5-32 弧形书架

←儿童绘本馆中的曲面元素来自于展示陈列柜以及动线设计，而图书阅览区整个区域都为弧形构造。馆中没有特设看书的座位，动线与座椅被合二为一，以台灯和坐垫来自然划分座位区与行走动线。与儿童绘本馆一样，图书阅览区的顶棚也采用镜面玻璃进行装饰，不过与儿童绘本馆的梦幻童话不同的是，图书阅览区采用的颜色及软装风格以大气、复古、稳重为主，让人似乎坠入巴洛克时期。

图 5-33　折线形书架走廊

←原展示区 1 的空间比较狭长。这就不可避免地会有一条长长的走廊，但是这并不影响整个空间的动线设计，因为在该动线的两侧都是书架，所以能够减轻行走的沉闷感，反而创造出适合阅读的舒适氛围。

图 5-34　森林阅读区

←若不是加以说明，完全看不出该空间与前面两个都是一家书店的不同区域，与前两个空间相同的是该空间的顶棚也采用镜面玻璃进行装饰，不同的是该空间的颜色、风格都发生了很大的变化，加上吊顶的装饰，整个空间科幻感十足。

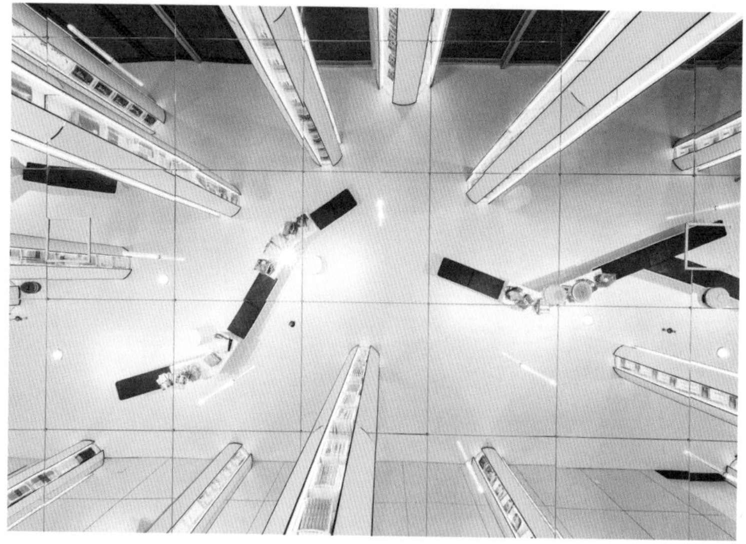

图 5-35　鸟瞰走廊

←该空间被命名为森林阅读区是因为它独特的展陈设计，与传统排列式书架不同。该空间的书架呈柱式，有三个不同方向的展示窗口，成立柱状的陈列柜在空间中矗立，就像是现代森林一样。动线的行进由书架和座椅划分构成，没有曲线元素，仅是直线也能创造出不一样的美感。

5.4 以合代分，动线润色

空间档案
使用面积：96m²
商业性质：运动用品商店
室内格局：展示区、休息区、茶水间、试衣间
主要建材：防滑地砖、乳胶漆、冷轧钢板、胶合板、花格玻璃

★改造前→

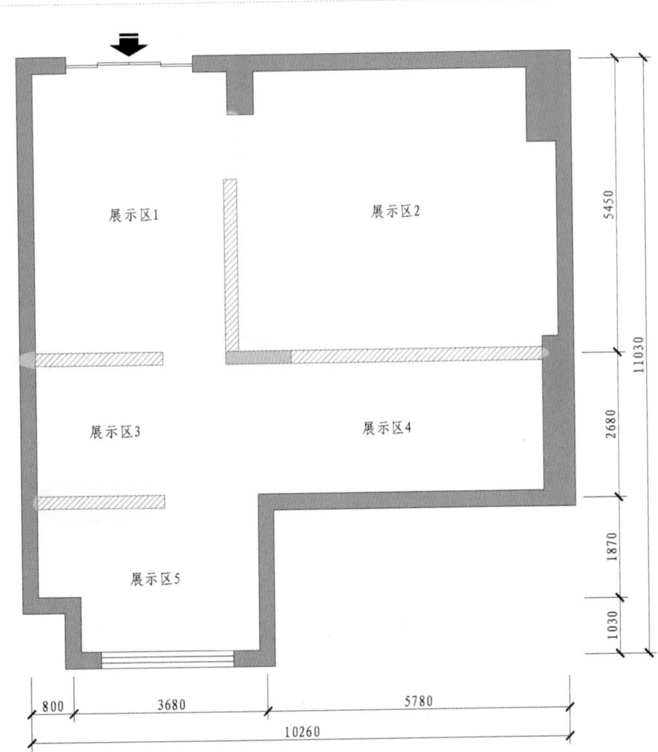

图 5-36 改造前平面

→该商业空间原有隔墙较多，形成多个展示区，能让商品分类展示，适用于品种与功能多样化的中低端产品的销售。产品升级后，这样的格局不再能满足销售需求了。

★改造后→

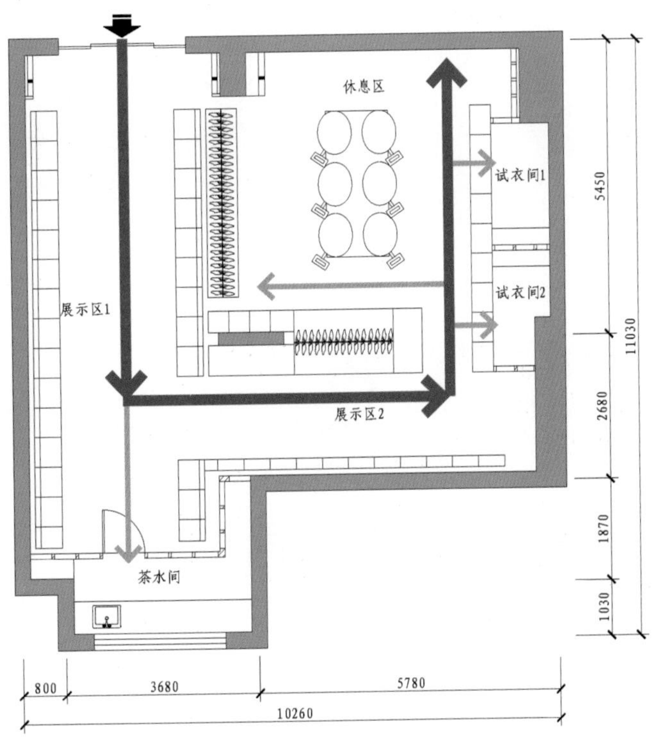

图 5-37 改造后平面

→改造后的动线在到达内部后并不形成环路，内部休息区是品鉴商品的核心区域，配置有豪华桌椅与电脑设备，让消费者长时间停留在商业空间中，仔细比较商品，做出购买决策。

拆除围合

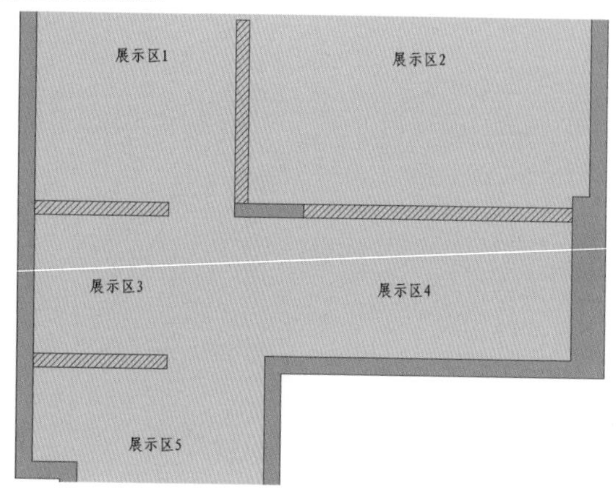

a）改造前

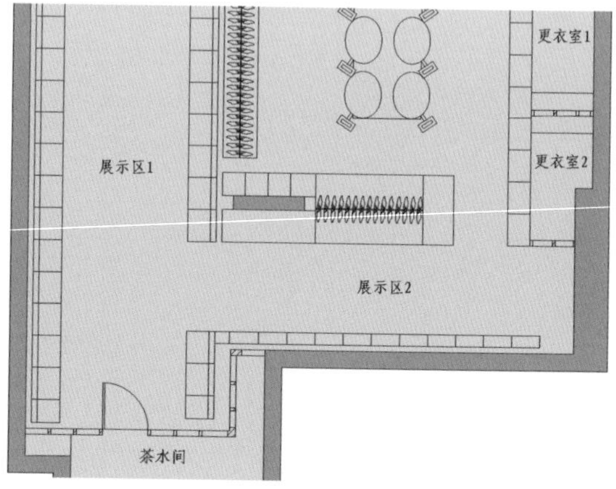

b）改造后

图 5-38　重新整合

↑将几个小空间合并成一个完整的大空间，首先拆除展示区之间的墙体，原本零碎的空间一下子就变得完整、一体起来，再用货架和柜体重新引导动线。整合后的空间分为两个展示区与一个休息区，用货架划分出直线走道空间，更符合运动品牌，在边角空间集中划分出试衣间与茶水间，充分利用了这些边角空间，提升了空间利用率，同时强化了动线延伸。

图 5-39　主动线走道

↑该商业空间较方正，为了降低单调感，将入口大门设计为圆拱形，展示货架也顺应设计为弧线形。

图 5-40　活动货架

↑这两处空间之间的大门设计得十分巧妙，用活动货架来充作大门，既能对空间进行划分，又能让人察觉不到门的存在，同时还能够展示一部分商品，一举多得。

图 5-41　休息区

←为了能够与入口、货架的曲线相呼应，该空间对座椅的选择十分巧妙，圆形座椅不仅具有强烈的设计感，同时还能够活跃空间气氛。

5.5 空间下沉，展现和谐

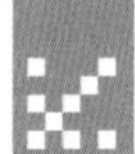

空间档案
使用面积：242m²
商业性质：餐厅
室内格局：用餐区、厨房
主要建材：清水混凝土、细木工板、文化砖、墙纸、乳胶漆、硅藻泥

★改造前→

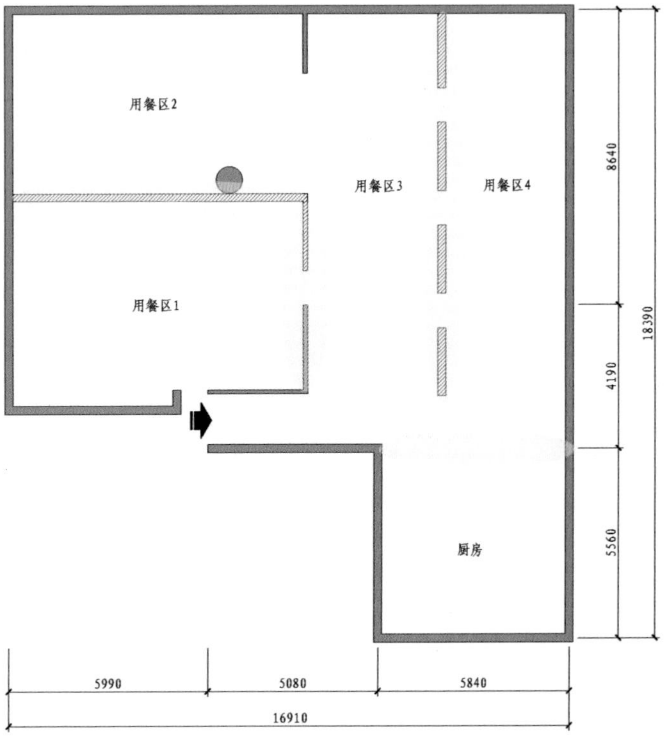

图 5-42 改造前平面

→该商业空间的前身是一家西餐厅，采用的是半开放式的厨房，没有封闭厨房，但是现商业空间是一家经营川菜的中餐厅，因此封闭厨房不可或缺。原商业空间为了整体的风格效果，采用的都是实墙来分隔空间。原用餐区动线设计得过于简单，不够丰富，没有趣味性。

★改造后→

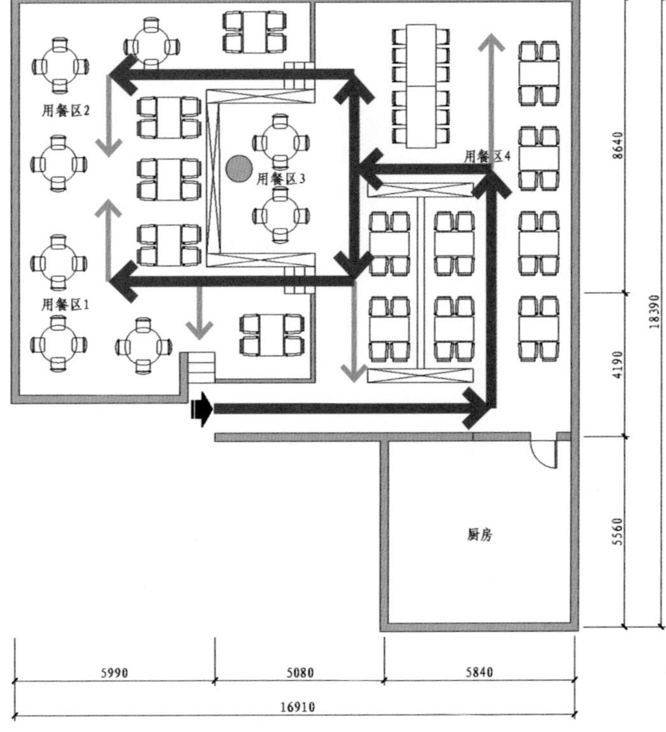

图 5-43 改造后平面

→改造后的空间动线更加规整，中央用家具作为隔断，分隔出半围合构造的包间，并对空间进行高差划分，通过地台与台阶来营造高差变化，变换动线的分布状态。

空间下沉

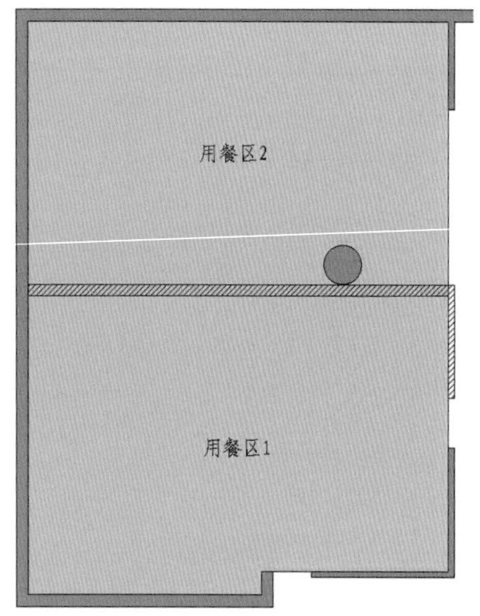

a）改造前

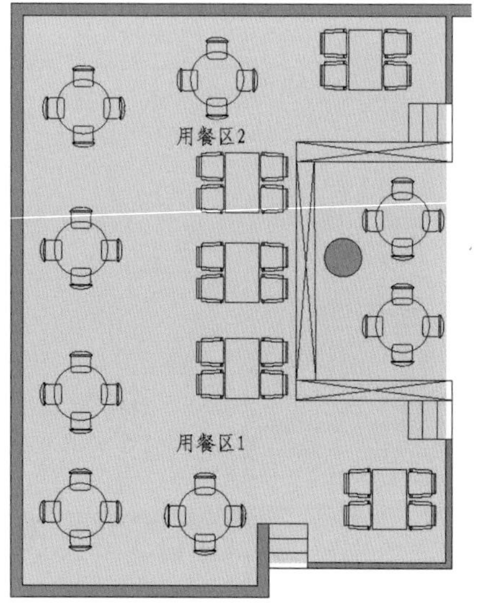

b）改造后

图 5-44 地台划分

←拆除原用餐区 1 与用餐区 2、用餐区 3 之间的墙体。取而代之的是用卡座与下沉台阶来划分区域，形成能引导消费者自然前进的动线。

独立厨房

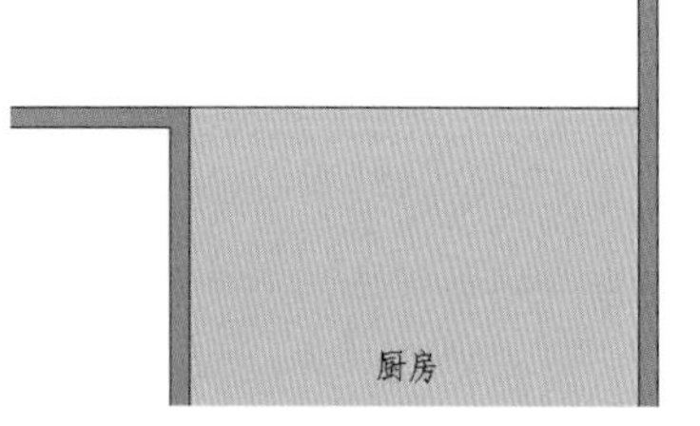

a）改造前

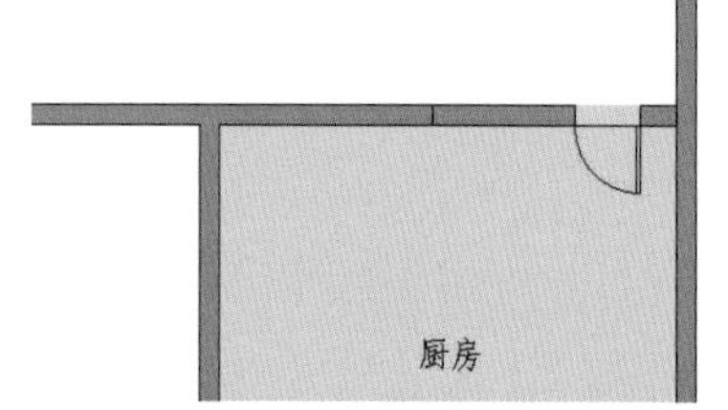

b）改造后

图 5-45 墙体围合

←在原厨房与用餐区 4 之间砌一道墙体，将原本开放式的西餐厅厨房改造成封闭式的中餐厅厨房。

零星点撒

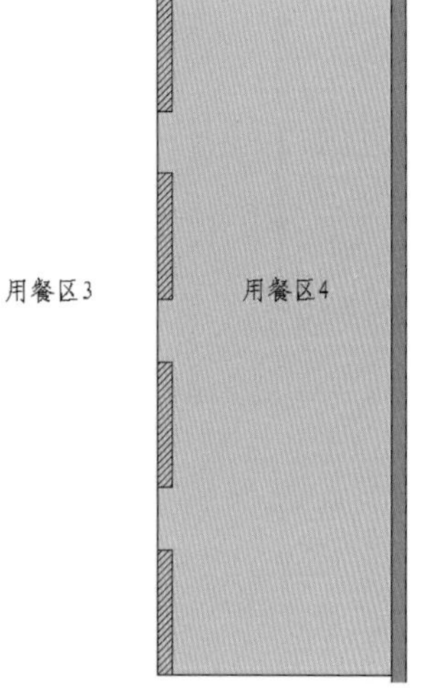

a）改造前

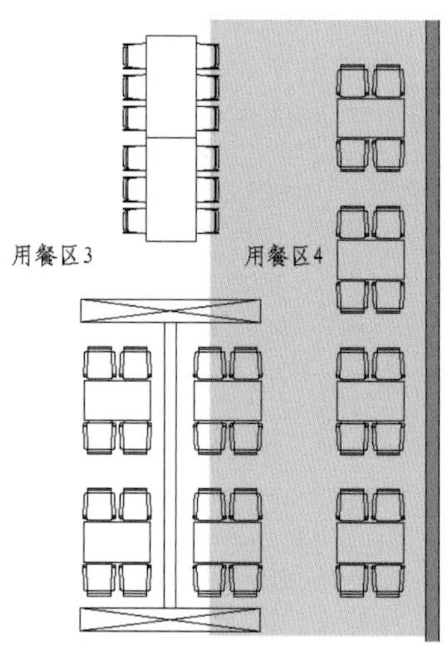

b）改造后

图 5-46 餐桌椅布置

←拆除原用餐区 3 与用餐区 4 之间的墙体，将用餐区 3 与用餐区 4 合并成一处整体空间，并用木质隔断分隔出小的用餐区域，该空间非包间也非全开放，动线连接顺畅。

图 5-47 用餐区

↑拆除原本的墙体之后整个空间宽敞、明亮许多，将空间进行下沉处理能够直接又隐晦地划分空间区域。卡座隔断采用复古抽屉柜造型，安装灯带，形成间接照明效果，给走道动线指明了方向。同时弱化顶部主照明，运用台灯等辅助光源进行局部照明，营造出优雅、神秘的视觉氛围。

图 5-48 围合隔断

↑用镂空的木质隔断代替原本的墙体对空间进行分隔处理，能够展现空间的通透性，让动线有良好的可见性。纵横交错的造型既有古典风格，又有现代风格中的逻辑性。地面用自流平艺术水泥铺装，具有较强的耐磨损性能，箭头指明主要动线的方向。

图 5-49 长桌

↑大型长桌虽然处于主动线正中，但是一点也不突兀，只要软装能够跟上，空间就能展现出和谐美。

5.6 生态空间，一览无余

空间档案
使用面积：500m²
商业性质：餐厅
室内格局：用餐区、厨房、收银台、自助区
主要建材：清水混凝土、细木工板、文化砖、墙纸、乳胶漆、硅藻泥

★改造前↓

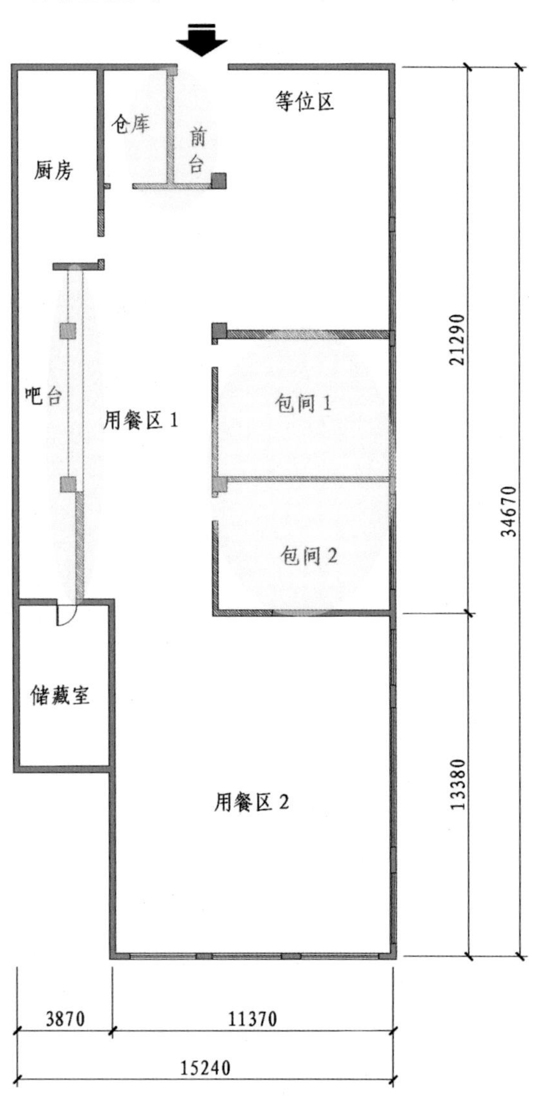

图 5-50 改造前平面

↑该商业空间的前身是一家西餐厅，整体格局还不错，但是前台和等位区的面积太大，浪费了一部分空间。

★改造后↓

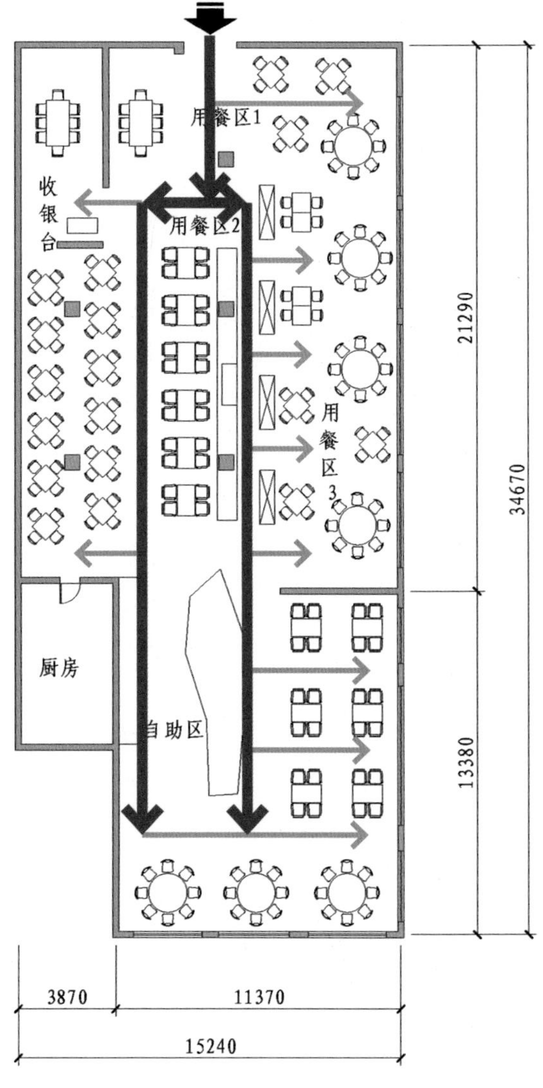

图 5-51 改造后平面

↑现在为自助餐厅，不需要太大的厨房空间，同时还拆除了仓库与包间，让动线更自由。

化三为一

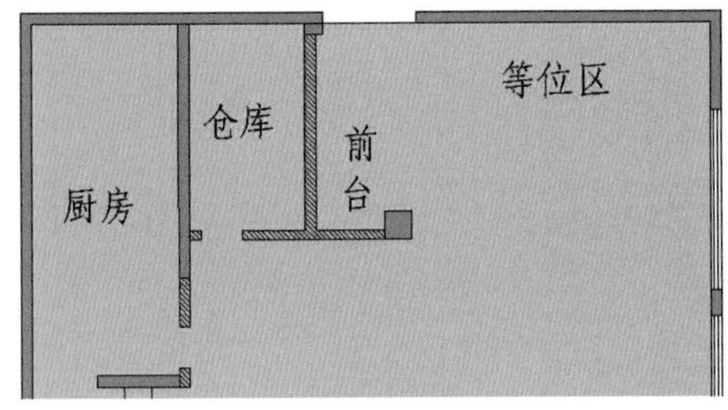

a）改造前

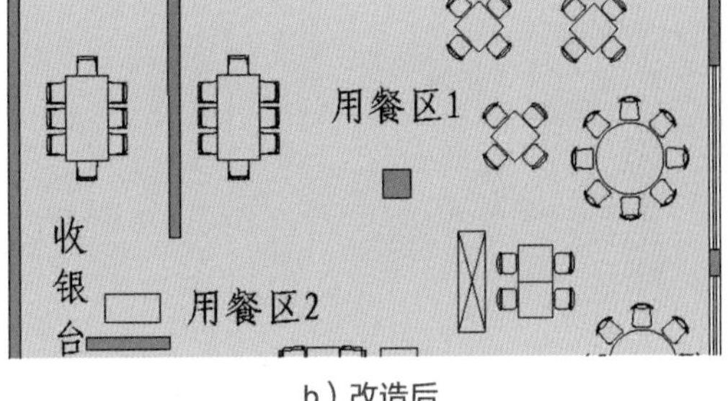

b）改造后

图 5-52　整合空间

↑拆除原仓库与前台之间的墙体，拆除原仓库和前台与用餐区 2 之间的墙体，仅留下承重柱。将原来的三个小空间合并成一个大的用餐空间。拆除原厨房的部分墙体，将原本的封闭厨房改成半开放式用餐空间，能整体增大用餐空间，增强收益。

空间取缔

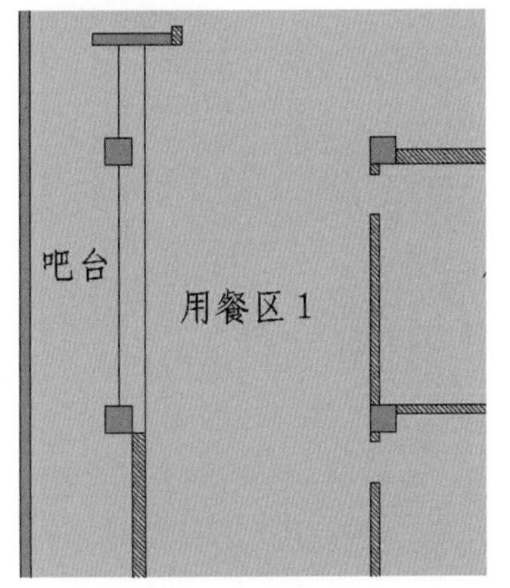

a）改造前

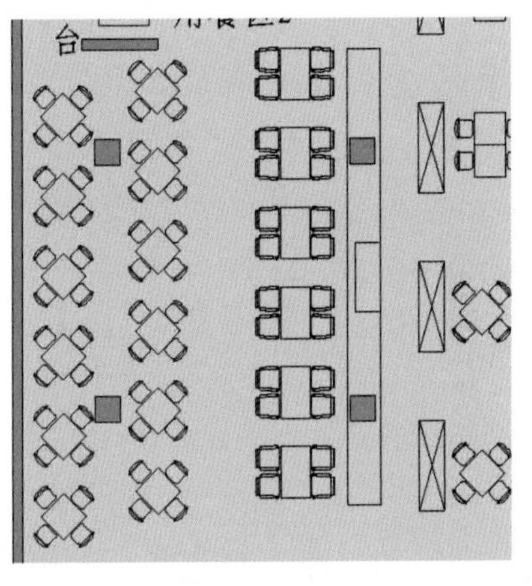

b）改造后

图 5-53　拆除墙体

←拆除原吧台的定制柜体，拆除原吧台与用餐区 1 之间的墙体，将原本的吧台同样改成开放式用餐空间。

打通空间

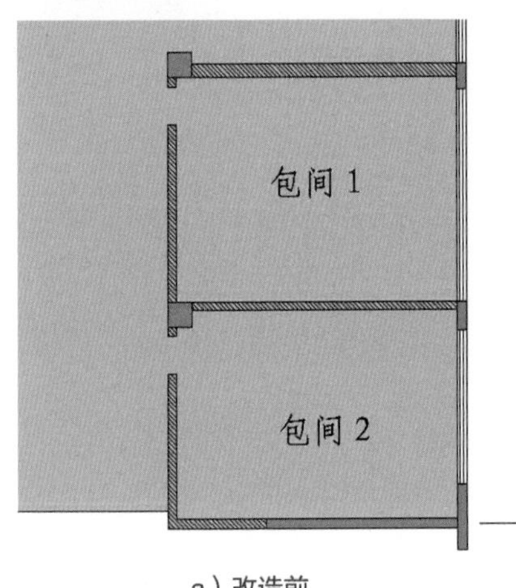

a）改造前

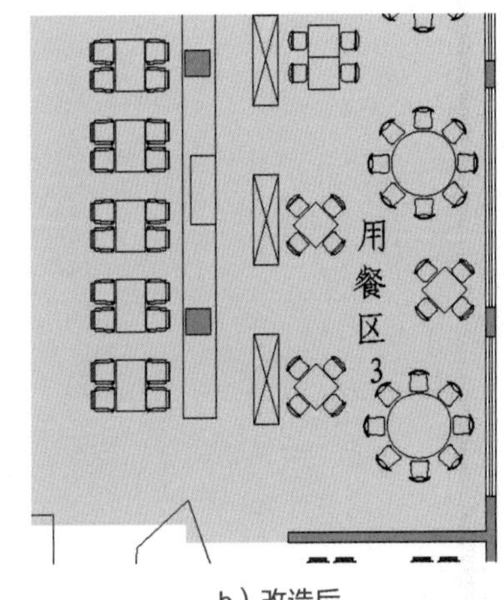

b）改造后

图 5-54　拆除包间

←拆除原包间 1 与包间 2 的所有墙体，仅留下不能拆除的承重柱来支撑空间，将原包间改成开放式用餐环境能够增加多张餐桌。

图 5-55 走道

←拆除原本的墙体不仅增加了桌位，而且还增强了采光，以原承重柱为区域分隔线，将主动线一分为二，对人流进行分流，使空间动线的多样化。

图 5-56 用餐区

←该商业空间除了利用承重柱来对空间进行划分，还利用卡座、座椅等对整体空间进行区域划分，强化动线引导。

图 5-57 隔断装饰

↑该商业空间的主题是树与自然，因此空间中处处可见绿色，承重柱也被包装成树的样子，整体氛围轻松愉悦。

图 5-58 仿真生态墙

↑墙面安装仿真树叶，搭配洗墙灯，表现出原始生态氛围。

5.7 工业温馨，大气简洁

空间档案
使用面积：681m²
商业性质：餐厅
室内格局：接待区、包间、用餐区、卫生间、储藏间、厨房、吧台
主要建材：防滑地砖、冷轧钢板、清水混凝土、墙砖、乳胶漆、壁纸、细木工板

↓改造前★

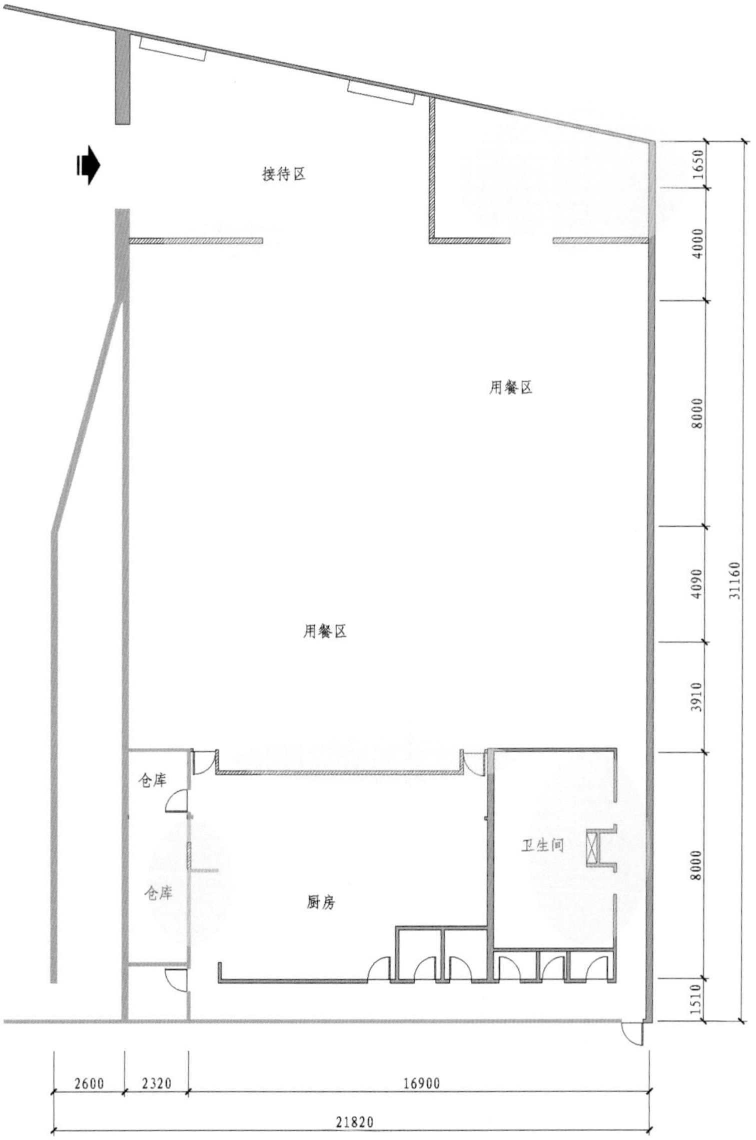

图 5-59　改造前平面

→该商业空间的原始格局已经非常不错了，但是根据经营需要还需进一步调整。原本的一个包间明显不够用，因此需再增加数个小包间。厨房的占地面积非常大，可以进行合理划分，让空间得到更合理的利用。

★改造后→

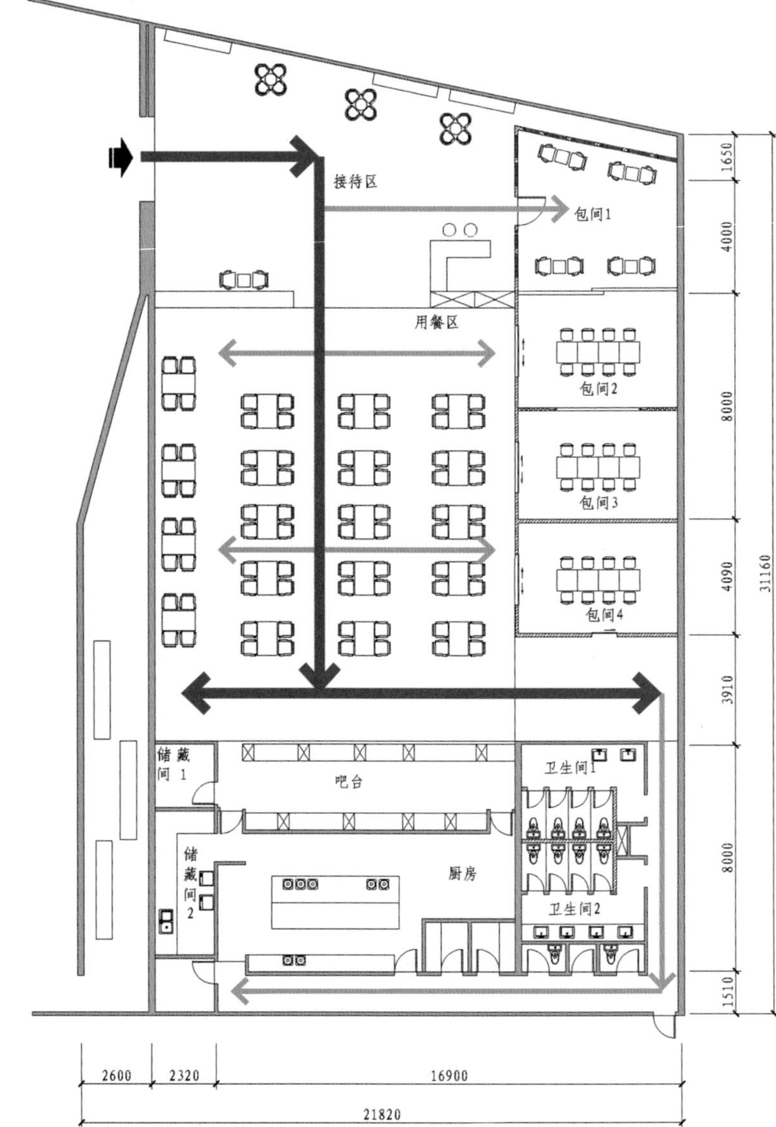

图 5-60　改造后平面

→经过重新整合，空间更有秩序感，座椅整齐摆放，形成主次动线，消费者与服务员的行动快捷方便，空间的利用率更高。

拓展空间

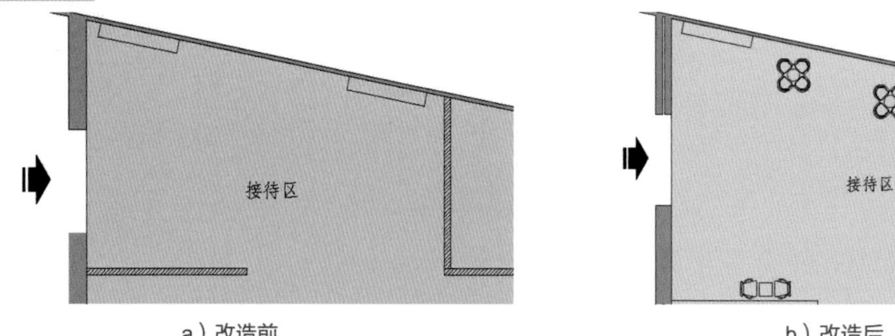

a）改造前　　　　b）改造后

图 5-61　扩大接待区

↑拆除原接待区与用餐区之间的墙体，同时拆除原包间与用餐区之间的墙体，将整个前台接待区的格局重新规划。

包间整形

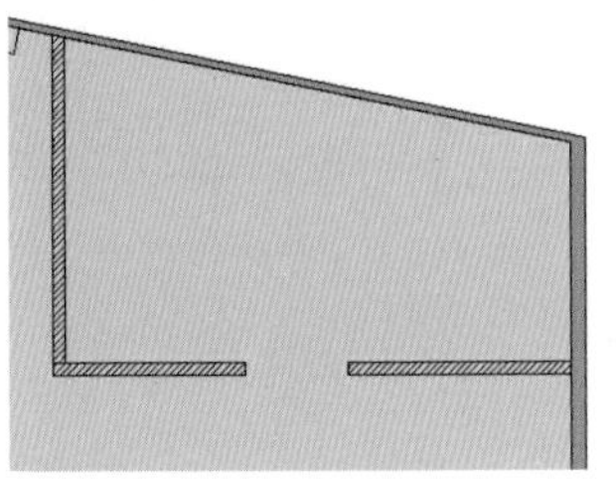

a）改造前

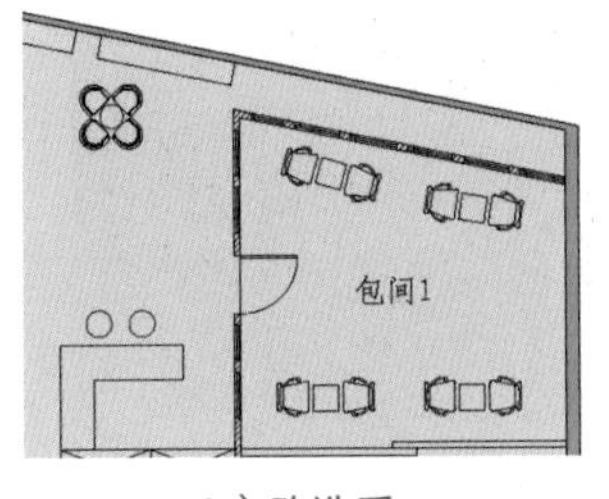

b）改造后

图 5-62 重新变形包间

←拆除墙体后，将包间设计为接近方形的围合空间，内部的桌椅可以根据需要自行组合或更换成圆桌。

分区利用

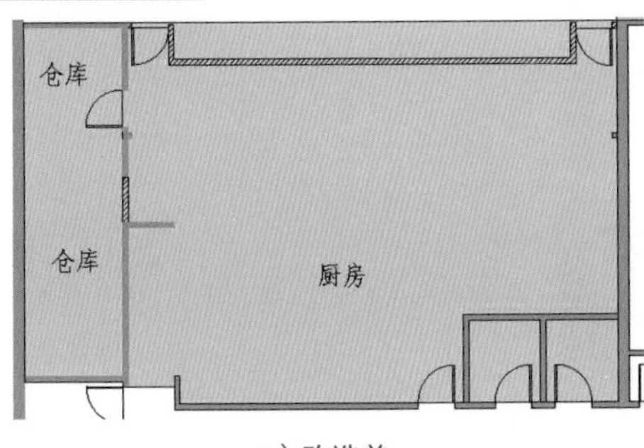

a）改造前

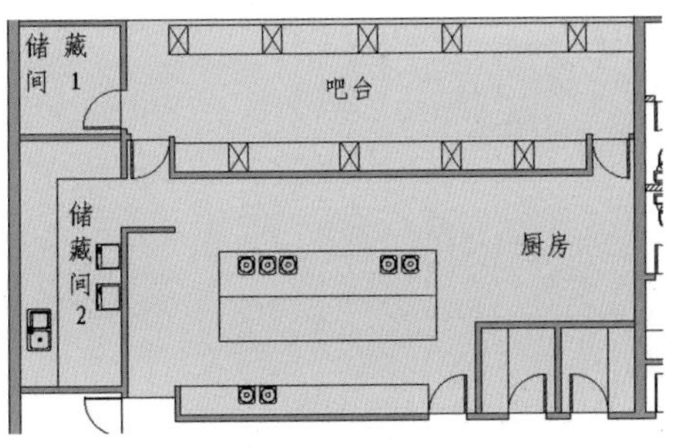

b）改造后

图 5-63 分离出吧台

↑将原用餐区与厨房之间的墙体向厨房方向推进 2.5m，将多出来的空间设置成吧台，如此不仅美观、传菜方便，同时还将原本浪费的空间充分利用了起来。此外，将原仓库分成两个独立的小仓库，分别储藏吧台物品和厨房物品。

包间排列

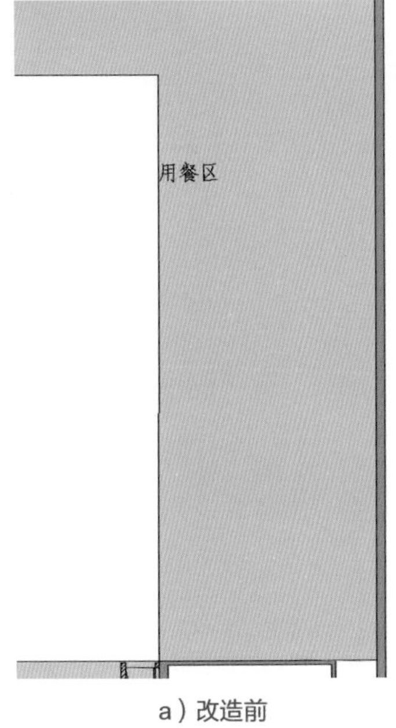

a）改造前

b）改造后

图 5-64 分隔出多个小包间

←将一部分用餐区隔成多个面积相当的小包间，包间之间设计活动隔断，可以根据需要进行二次合并。

图 5-65　接待区

←将前台与用餐区的墙体拆除，取而代之的是高耸的隔架将空间分隔开来，隔架比实墙更通透，动线上具有非常好的可见性，绿植的半遮半掩更具有一种诱惑美。

图 5-66　走道

←将原厨房空间缩小，增设吧台，加上灯光设计，使空间具有非常好的可见性，能够直接引导消费者，动线目的明确。

图 5-67　用餐区

←用餐区整体设计风格往工业风靠拢，不同的是其中添加了绿植做点缀，这能使得原本生硬的空间充满人文情怀。

第6章

动线类型细划分：因地制宜

学习难度：★★★★☆

重点概念：类型、环岛、理念、形态

章节导读：动线类型较多，在设计过程中应当根据实际情况选用，不能生搬硬套。任何一种动线类型都要细化设计，要有主动线，还要有分支动线，甚至将多种动线相结合，丰富商业空间的动线效果。

6.1 动线类型

动线的形式很多，经过系统总结可以概括为五种类型，分别是流水式、自由式、环岛式、双通道式、单通道式。

6.1.1 流水式

流水式动线会让消费者沿着固定方向行进，在途经空间中的各个角落时，都能实现无死角。但是动线一般很长，消费者的体验可能并不好，这种动线设计主要用于大型超市（图 6-1、图 6-2）。

图 6-1 百货超市

↑百货超市的商品展陈为典型的流水式，消费者从动线的一端进入，从另一端出去，必须浏览所有商品。

图 6-2 建材超市

↑建材超市的流水式动线不太严格，但是整体规划都按装饰施工流程来布局，引导消费者按流程购物。

6.1.2 自由式

自由式动线没有固定的行进流向，是一种多方向、多线路的动线设计，趣味十足，使用面积高。但是这种设计易出现死角，需要细化主题设计（图 6-3）。

图 6-3 开放式主题店

→具有主题的商业空间多为开放式布局，让消费者在店内自由行进，根据需要浏览商品并进行选购。

6.1.3 环岛式

环岛式动线会让人围绕着中间的主力部分旋转，这种设计常见于面积开阔的大型商场。摆放的商品多为畅销品（图 6-4、图 6-5）。

图 6-4 食品台柜

↑熟食制品附加值高，在超市中多为环岛布局，能被各方向的消费者关注到。

图 6-5 化妆品台柜

↑化妆品附加值更高，多出现在空旷的商场大厅中，能在密集的人群中吸引更多消费者。

6.1.4 双通道式

双通道式动线适用于宽度较窄，但长度较长的空间，如临街的花店、服装店等。双通道式的优点是通透性较好，能提高空间的可见度，充分利用可使用空间，但是如果对空间尺寸把握不准，就会显得拥挤（图 6-6）。

6.1.5 单通道式

单通道式动线常见于小型店铺中，特别是较狭长的空间多采用单通道式动线，类似精品店、鞋帽店等。单通道式的动线因为环境制约而非常简单，可达性与可见性也非常高，几乎没有死角，注意展陈商品的数量（图 6-7）。

图 6-6 服装店

↑临街服装店开间较窄，双通道中央可以摆放较窄且低矮的货柜，在视觉上能拓展店面空间的宽度。

图 6-7 鞋店

↑单通道鞋店开间更窄，注重墙面装饰造型的设计与主题形象表达，弱化商品展陈。

6.1.6 动线案例解析

1. 中式餐厅

中国风是近年来的设计主流，尤其是具有地方特色的餐厅，非常讲究民族文化。深灰色、褐色、红色都是传统家具的油漆色彩，在现代设计中为满足时代审美需要搭配玻璃、不锈钢等高亮材质。餐厅店面相对低调，运用铝塑板制作内凹造型，镶嵌不锈钢型材。室内有效利用紧凑的空间，主要以方和圆为设计主题，壁纸和装饰画的选择颇具匠心，营造出儒雅的用餐氛围。采用内藏筒灯照明，彻底改变传统吊灯的运用，将传统与现代完美地结合在一起（图 6-8 ~图 6-12）。

图 6-8　店面造型设计

→倒三角造型代表古代城楼元素，具有复古风格，体现出沉稳的视觉效果，让消费者感受到独特的餐饮特色。

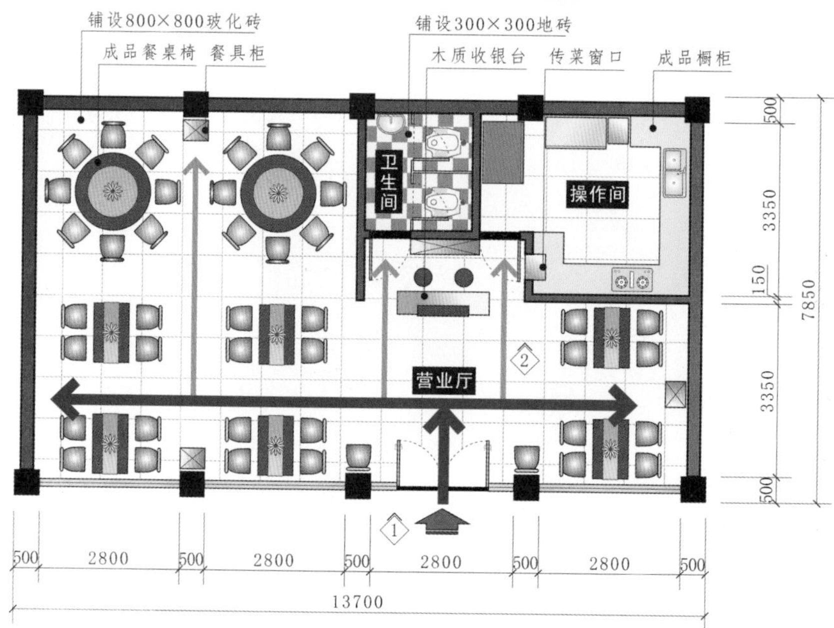

图 6-9　平面布置图

→主动线为单轴分散式，将面积不大的空间规划得井井有条。方桌与圆桌相搭配，满足不同人数消费群体的用餐需求。

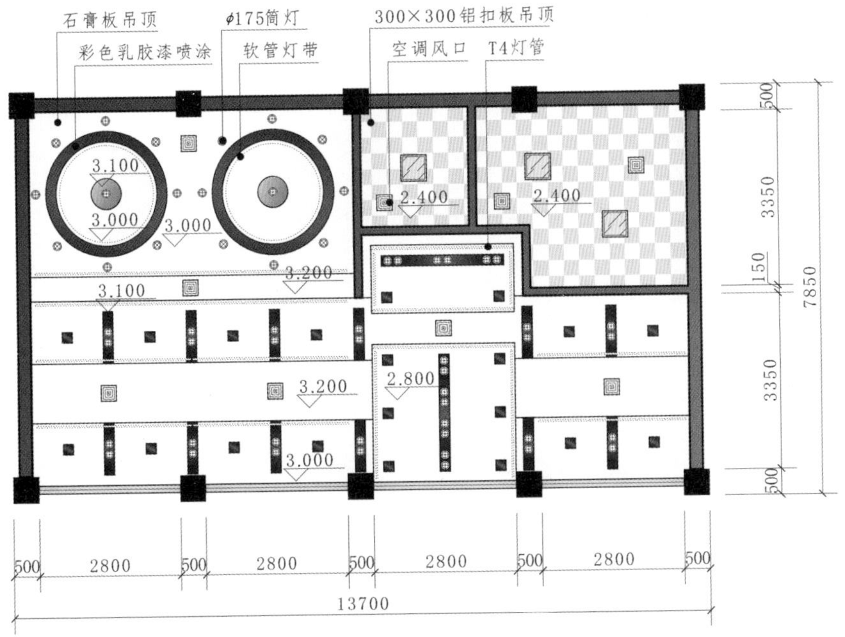

图 6-10 顶棚布置图

←灯具与吊顶层次丰富，布置形式多样化，将不同规格的筒灯、射灯交替排列，吊顶造型与餐桌摆放保持统一。

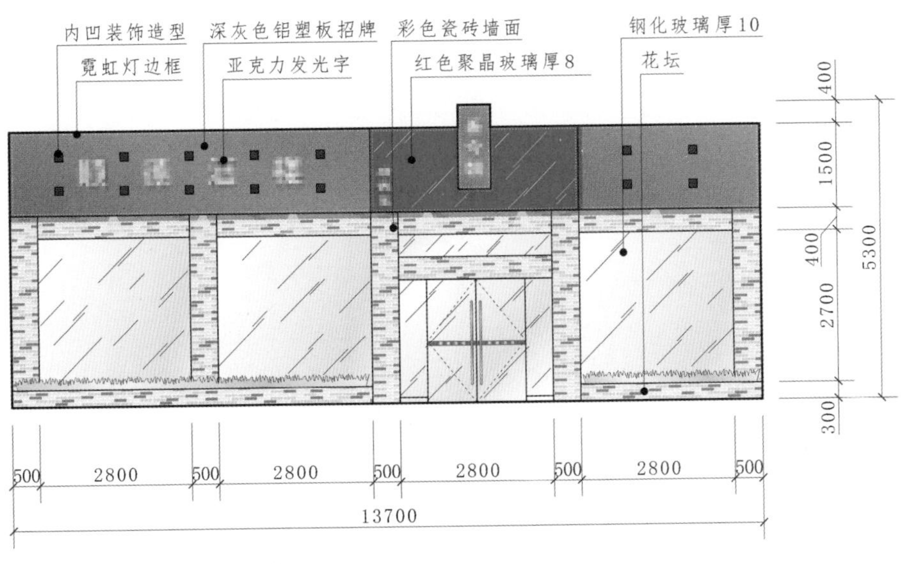

图 6-11 店门口立面图

←将古建筑中的城墙、楼洞元素运用到店面造型设计中，搭配红色与灰色对比，复古的同时能吸引更多消费者进店。

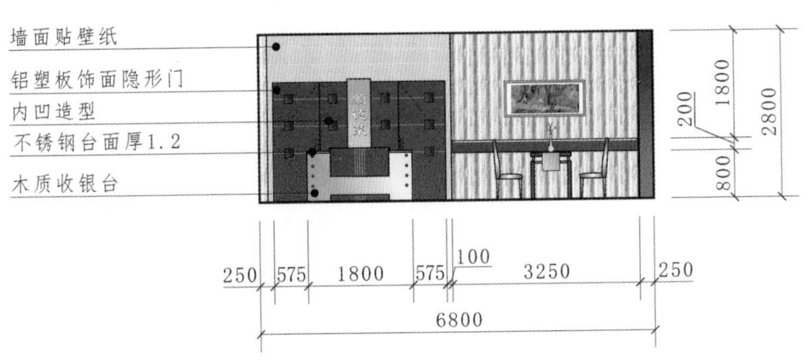

图 6-12 营业厅立面图

←收银台后的操作间与卫生间不对消费者开放，因此设计隐形门，与主题墙融为一体。

2. 饰品综合店

位于商业步行街上的饰品综合店人气很高，但是大多数店面开间很小，纵深很大，店内动线规划多为一条走道，这种布局难免单调。

在整体布置上可以分区设计，通过台阶高低错落划分出多个分区，针对不同分区进行不同主题设计，如促销区、时尚区、精品区等，不断引导消费者进入店内深处浏览，提升内部空间的使用效率，同时能扩大商品销售品种，聚集人气（图 6-13）。

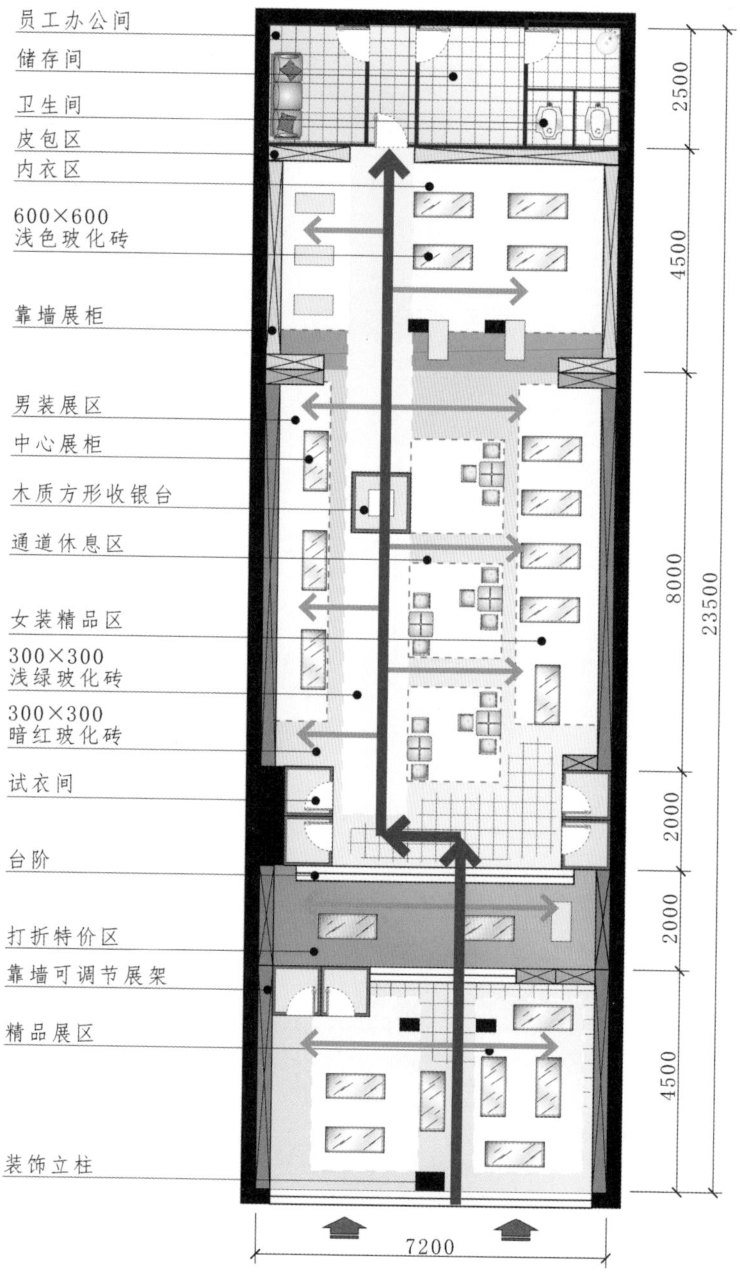

员工办公间
储存间
卫生间
皮包区
内衣区
600×600
浅色玻化砖
靠墙展柜
男装展区
中心展柜
木质方形收银台
通道休息区
女装精品区
300×300
浅绿玻化砖
300×300
暗红玻化砖
试衣间
台阶
打折特价区
靠墙可调节展架
精品展区
装饰立柱
2500
4500
8000
23500
2000
2000
4500
7200

图 6-13　平面布置图

→主动线为纵向单轴深入式，为了增强空间的动态效果，在中间区域将主动线设计偏左，让右侧能集中布置更多情景，营造出独立且单元化的展陈空间。

6.2 环岛动线，地位主导

空间档案
使用面积：309m²
商业性质：书店
室内格局：门厅、咖啡操作台、阅读区、卫生间、图书阅览室、吧台区、散座区
主要建材：复合木地板、钢化玻璃、冷轧钢板、乳胶漆、壁纸

★改造前→

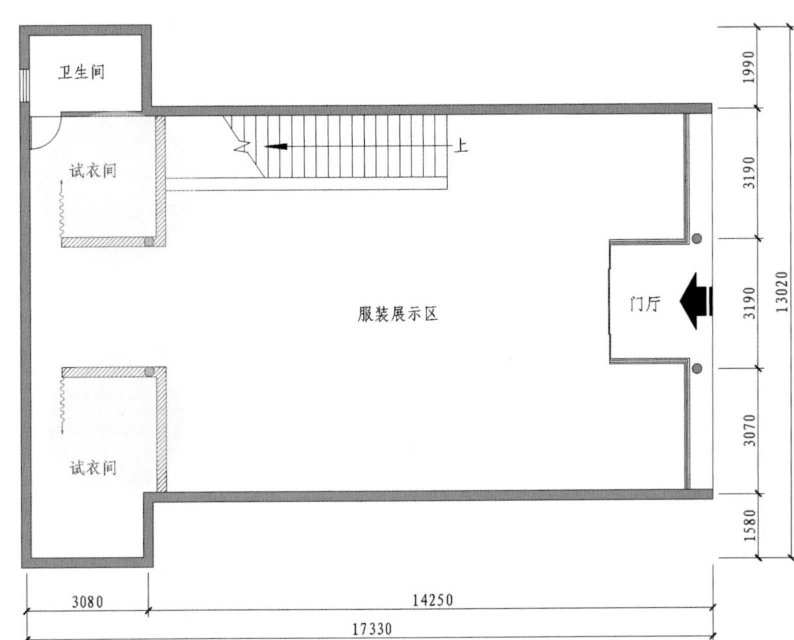

图 6-14 一层改造前平面
→该空间原是一家经营潮牌服装的店铺，一层格局比较简单，除了两间独立的试衣间与卫生间，再没有其他空间隔断了，对这种空间进行改造会比较方便、简单。

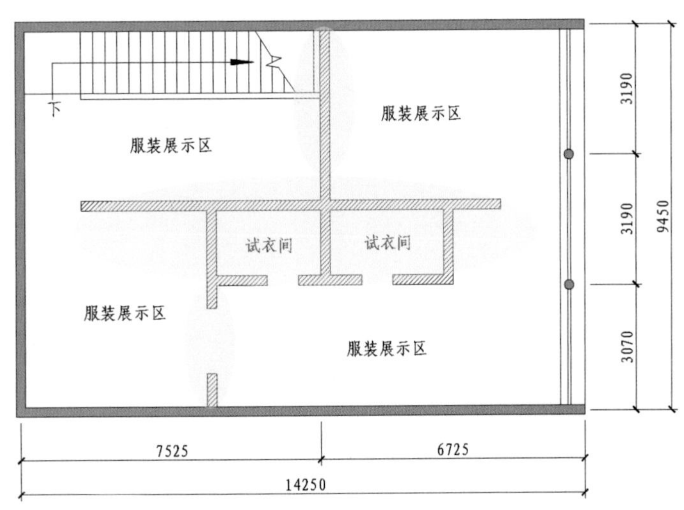

图 6-15 二层改造前平面
→二层空间比较复杂，分隔空间的墙体比较多，空间比较分散，连接空间的动线也是迂回曲折，消费者的购物体验感会非常不好。

★改造后→

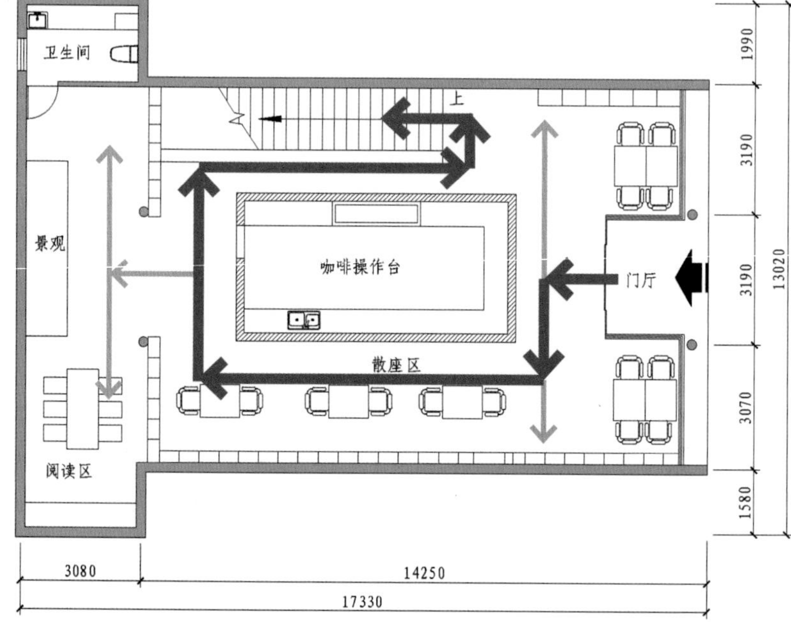

图 6-16　一层改造后平面

→改造后一层空间的动线环绕在中岛咖啡操作台周围，增强了室内空间的流动性。

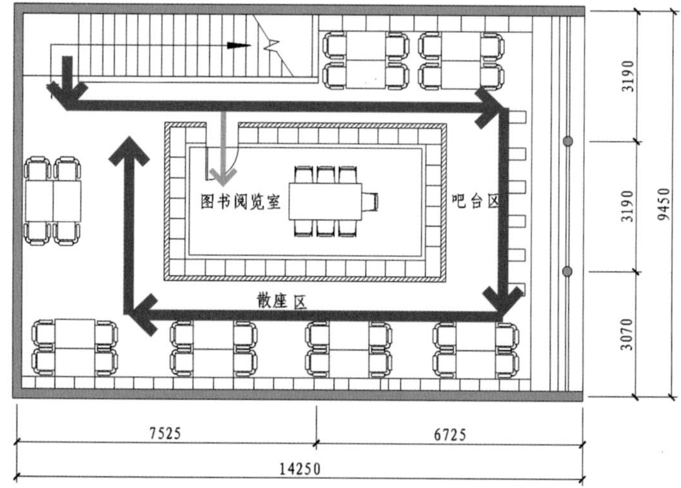

图 6-17　二层改造后平面

→二层布局延续一层状态，将动线延伸到最大，沿墙面与窗户布置书柜与桌椅，让消费者阅读时尽量分散。

整合改动

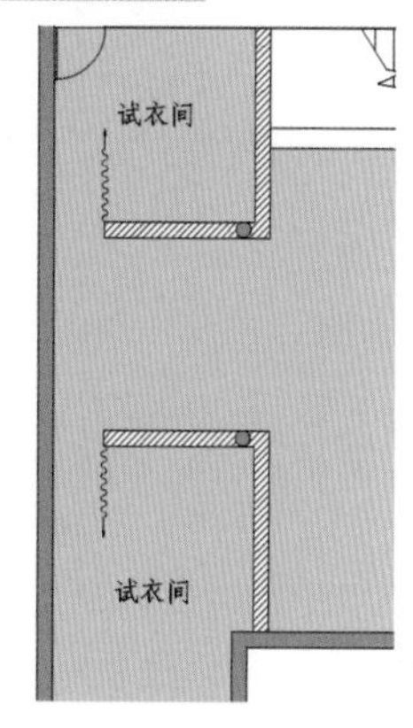

a）改造前

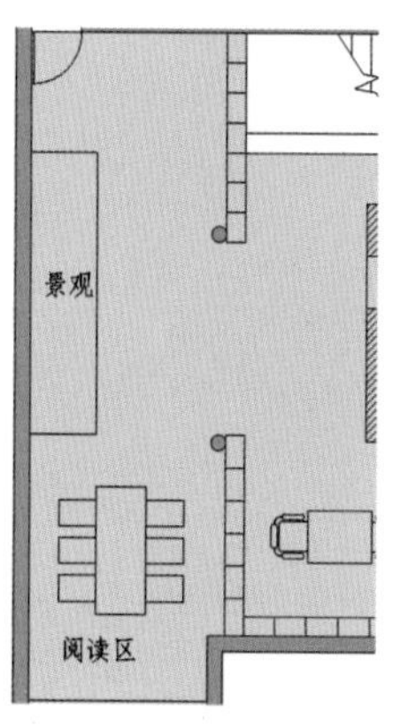

b）改造后

图 6-18　合并空间

←将原试衣间隔墙拆除，并配置六人桌椅，用于小型团体会议或桌游。

中岛空间

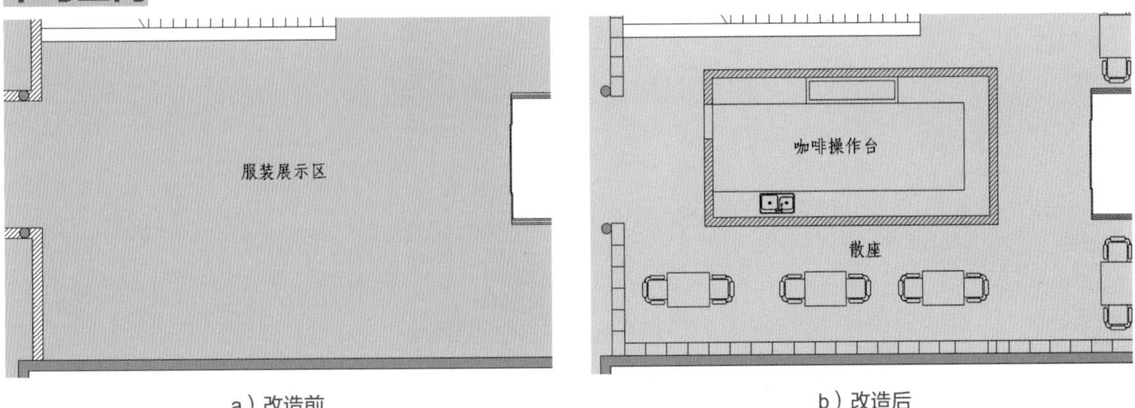

图 6-19　一层咖啡操作台布局

↑拆除原两个试衣间与服装展示区之间的墙体，将整个空间打通，在原本的服装展示区中间定制一个 3m × 6m 的围合型操作空间，作为咖啡操作台。如此就创造出了环岛式的行走动线，在咖啡操作台附近的商品一般会得到较多关注。

环岛动线

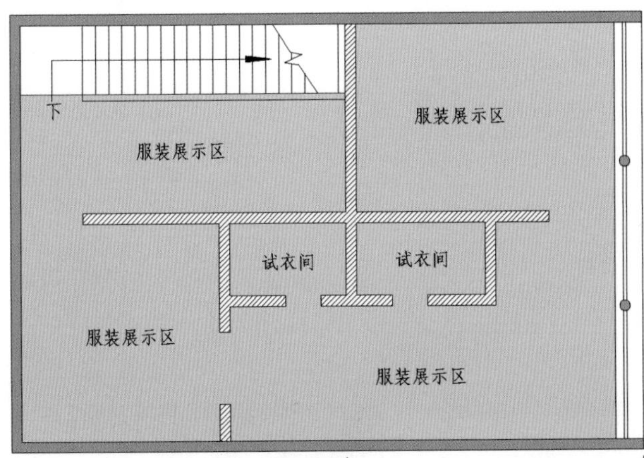

a）改造前

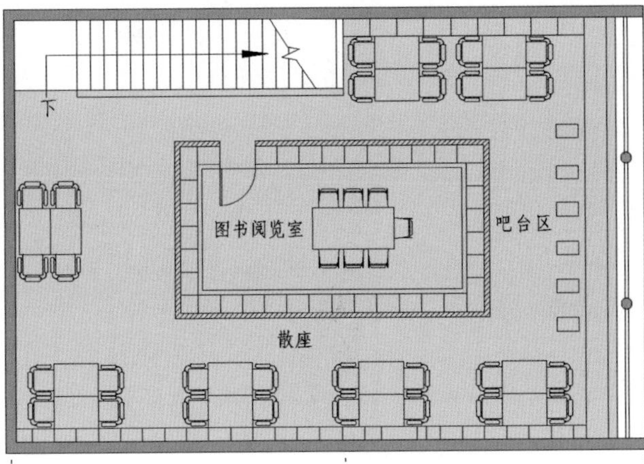

b）改造后

图 6-20　二层全新布置

←拆除二层原所有内部墙体，将原本复杂的空间简单化，将原本迂回曲折的动线全部清零。与一层的动线设计思想一样，二层的动线设计依旧采用的是环岛式动线，不过中间的围合空间是阅览室而不是咖啡操作台，这种环岛式行走动线能够让消费者更容易关注到书架上的商品。

图 6-21　咖啡操作台

←在空间中间设立中岛式咖啡操作台是现在的流行趋势，如此设计能够服务到更多消费者，同时在咖啡操作台周围摆放上图书能够增加消费者选购图书的可能。

图 6-22　靠窗吧台区

←二层图书阅览室之外自然形成了一个环岛式的动线，在动线两旁的墙体上安装书架，能让消费者看到或接触到更多的书籍。

图 6-23　楼梯

↑楼梯为钢结构焊接工艺，楼梯与走道的宽度均为 1m，能满足两人对向行走。

图 6-24　图书阅览室

↑二层中央为封闭式阅读室，也可以作为员工会议室或小仓库存储物品。

6.3 大中套小，理念不同

空间档案

使用面积：220m²

商业性质：服装店

室内格局：展示区、收银台、卫生间、储藏间

主要建材：防滑地砖、细木工板、乳胶漆、壁纸、大理石板

★改造前↓

↓改造后★

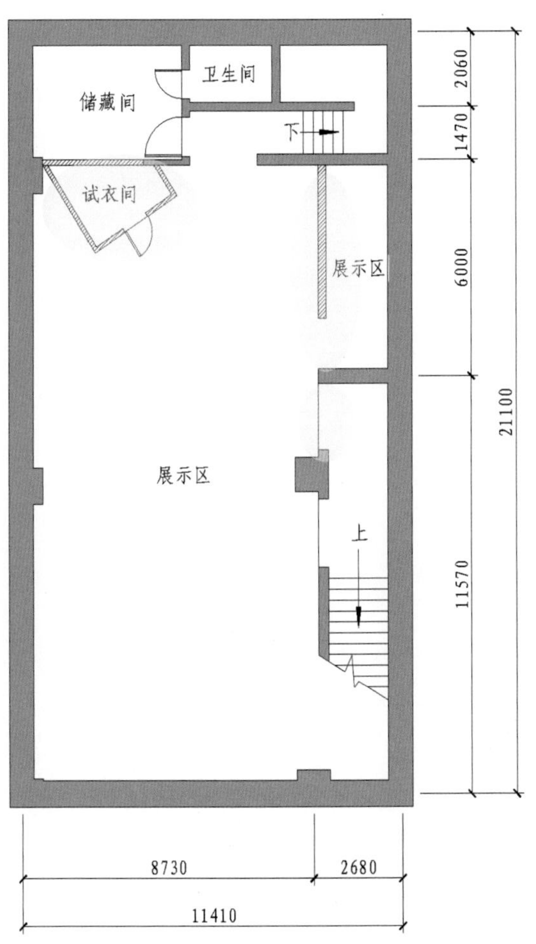

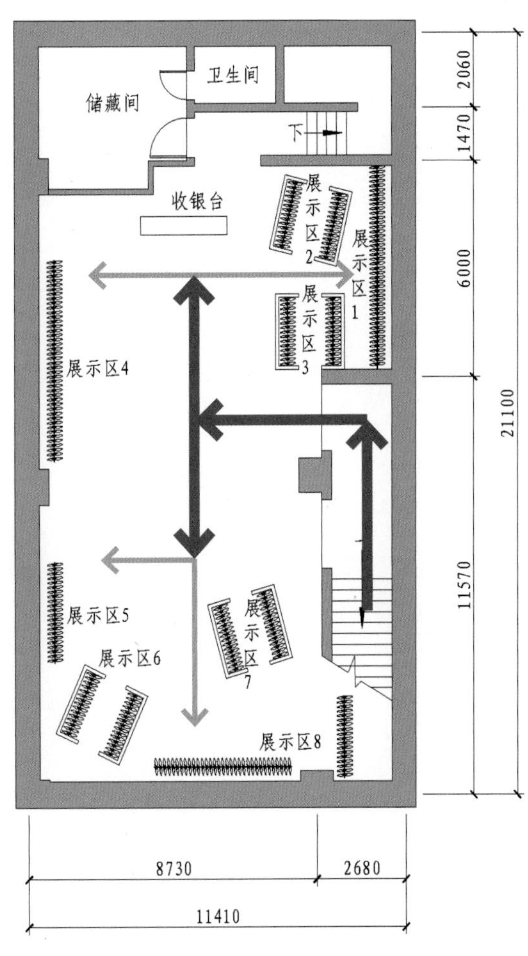

图 6-25 改造前平面

↑该商业空间的前后身都是服装店，位于商业建筑的夹层中，从下层楼梯进入。这家店的前身是一家男女服装综合经营的店铺，现在是一家专门针对男性的潮牌店，原本的格局分布对于现在的设计来说有些多余，原试衣间完全可以取缔，让空间能够得到更合理的利用。

图 6-26 改造后平面

↑打通整体空间，重新布置多个服装展示区，形成自由布局，让分支动线的变化更加灵活。主动线根据各展示区的分布自由环绕，每个展示区内的展陈主题都不同，让消费者能在小面积商业空间中停留更长时间，同时相对封闭的楼层也能最大化留住消费者。

空间拓展

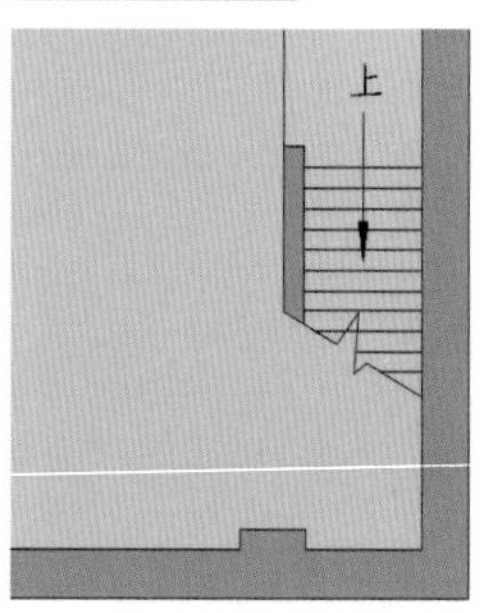

a）改造前

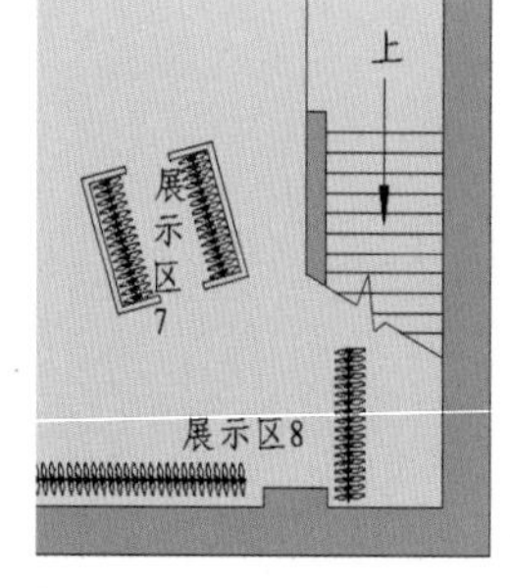

b）改造后

图 6-27　延伸空间

←拆除原展示区与试衣间之间的墙体，将原试衣间合并到展示区中。

动线利用

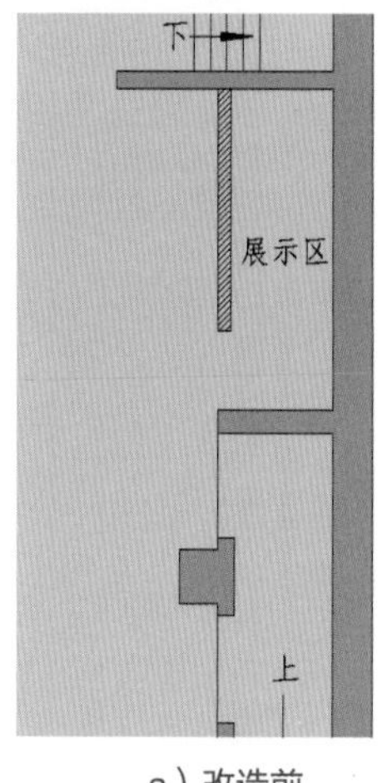

a）改造前

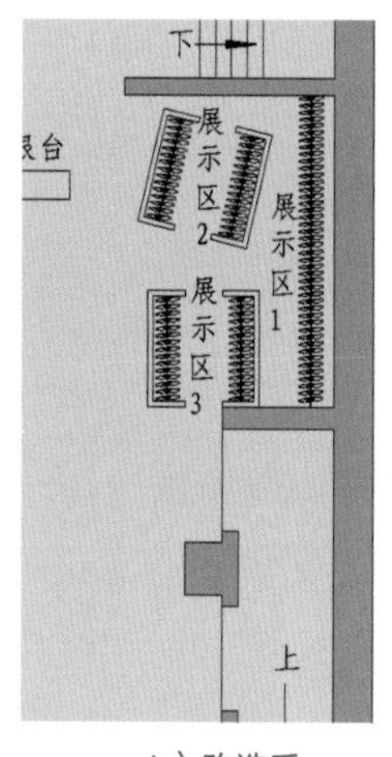

b）改造后

图 6-28　增加收银台

←拆除原储藏间与展示区之间的墙体，将该区域改造成展示区 1，将原本的储藏间换到更大的空间，该区域靠近收银台，消费者结账时必须靠近这里，因此这里也是一处绝佳的展示区。

细划分区

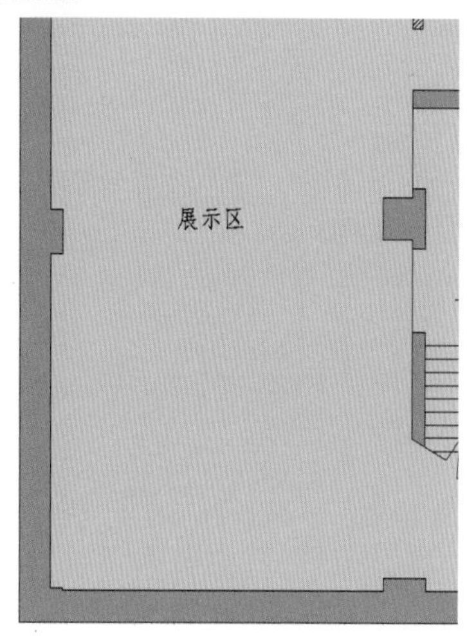

a）改造前

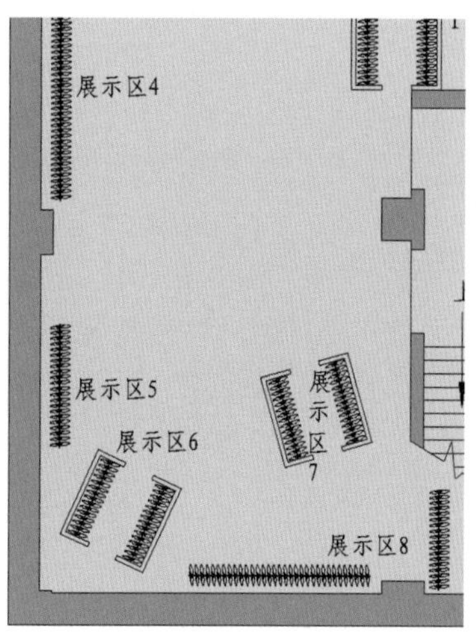

b）改造后

图 6-29　独立单元展示区

←将大空间划分成一个个小展示区，使空间既有整体性，又有层次感。

图 6-30 展示区外部走道

←将原本分隔空间的墙体拆除，整个大空间就非常好做功能分区以及动线规划了。该方案采用的是“大空间套着小空间”这样一种形式，在商业空间中用木质板材铸造小的陈列空间，看起来十分有趣。

图 6-31 展示区内部

←这种陈列方式比较少见，但这样一下子就让原本简单的动线变得有趣起来，空间也变得非常灵活。在不同的小空间中装饰着不同样式、颜色的壁纸，让人有新鲜感。

图 6-32 收银台

↑将原本的休息区改为储藏间，将收银台置于前方，这就使得后方的空间完全变为私有，公私动线也由此划分开来。

图 6-33 展示区门洞

↑每个展示区的内部装饰都不同，但是门洞造型相同，能保证动线视觉统一。

6.4　以形补形，随机应变

空间档案
使用面积：58m²
商业性质：服装店
室内格局：服装展览区、试衣间、收银区
主要建材：自流平水泥地面、木饰面板、壁纸

★改造前→

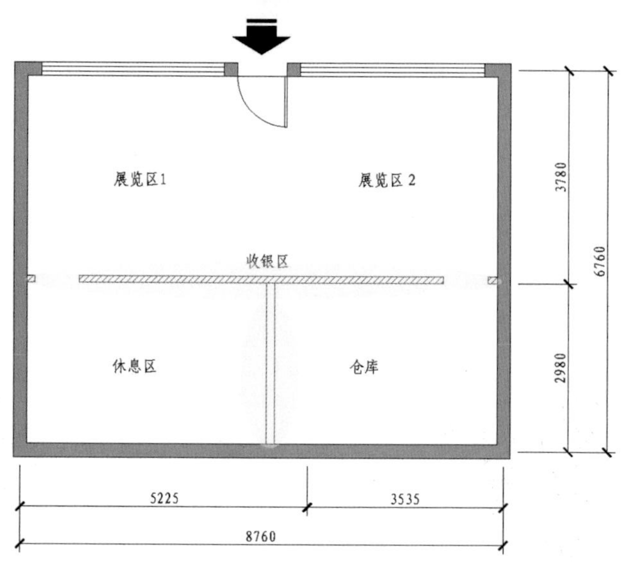

图 6-34　改造前平面

↑该商业空间原本是一家精品鞋履商店，整体空间并不大，预留了足够大的存储空间与休息空间，所以该空间的展览区域很小，不能满足全新的经营发展目标。

★改造后→

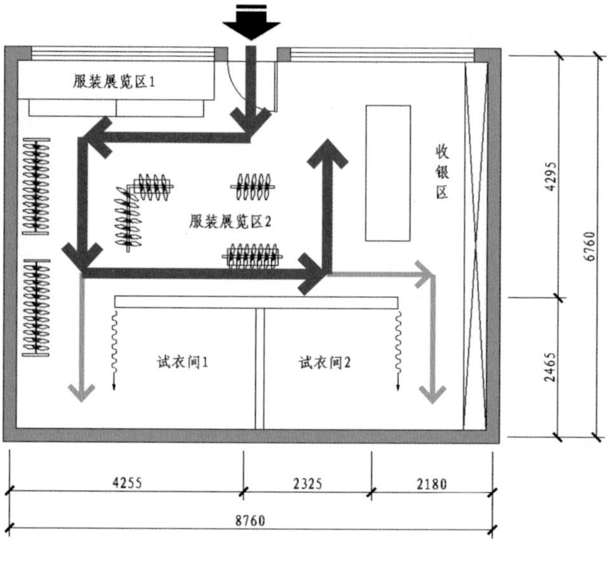

图 6-35　改造后平面

→改造后的商业空间为一家服装店，增加了独立的试衣间，由于已有定制的储物柜，就不需要再单独设立存储空间，将服装展览区扩大，让空间显得开敞。

空间整合

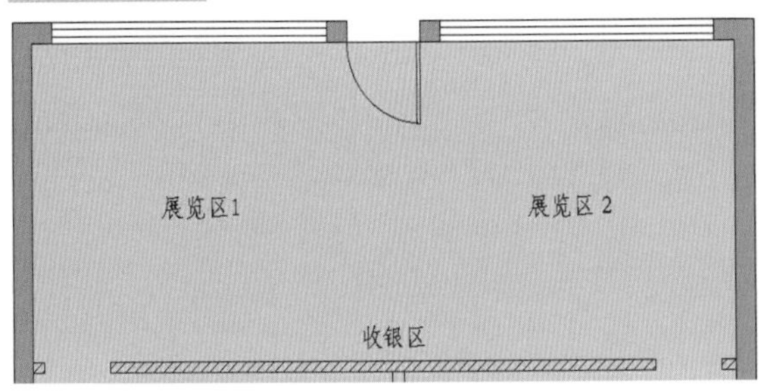

a）改造前

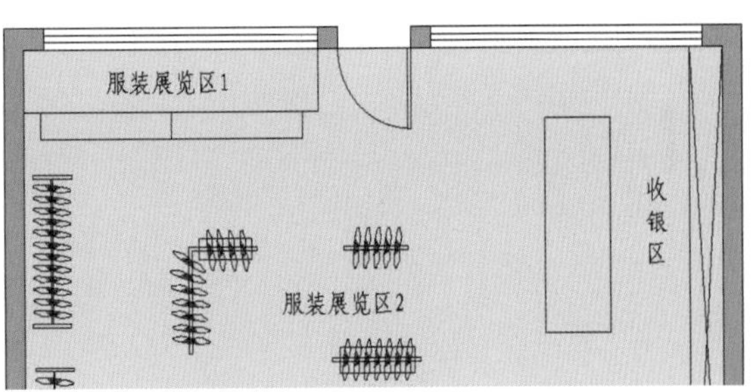

b）改造后

图 6-36　重新整合空间

↑将原收银区墙体拆除，将服装展览区全部整合，另设收银区，让室内空间更通透。

空间改造

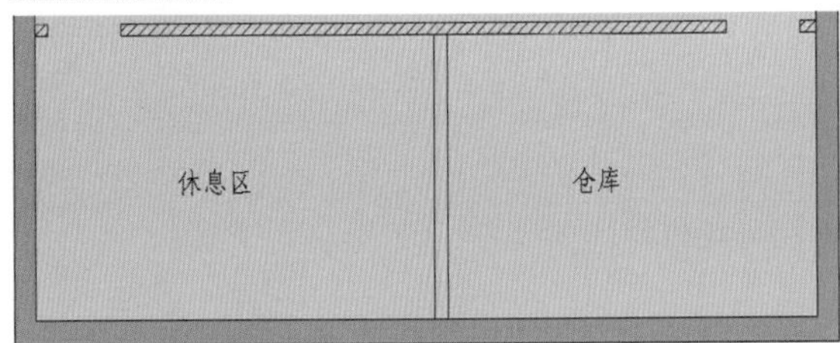

a）改造前

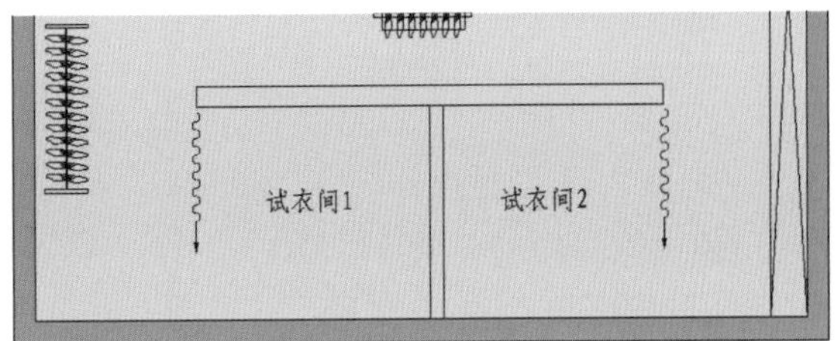

b）改造后

图 6-37　改造试衣间

↑将原休息区与仓库之间的墙体保留一部分，将这两个空间改造为试衣间。

图 6-38　服装展览区

←该商业空间的格局简单，动线设计不需过于烦琐就能让消费者关注到店内商品，而如果再对动线进一步优化，那么还能做到锦上添花。

图 6-39　服装货架

↑空间虽小但是可以利用外在装置来丰富动线规划，用可以升降的挂衣架来规划动线。

图 6-40　综合柜

←整墙的柜子充分利用了有限的空间，可以选用可移动式收银台，这样能够根据需要来调整位置。

6.5 低调奢华，趣味动线

空间档案
使用面积：390m²
商业性质：餐厅
室内格局：收银台、储藏间、厨房、包间、吧台、用餐区
主要建材：仿实木地砖、大理石地板、乳胶漆、墙布、饰面板

★改造前→

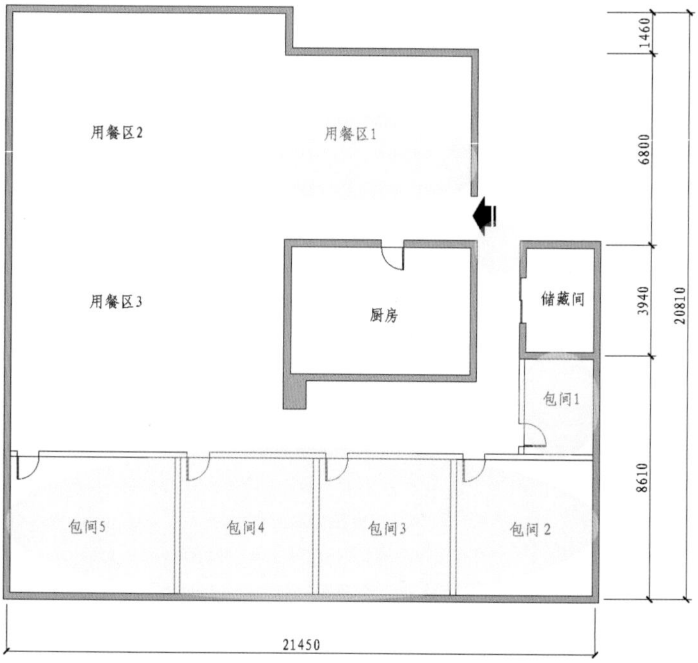

用餐区2
用餐区1
用餐区3
厨房
储藏间
包间1
包间5
包间4
包间3
包间2
1460
6800
3940
8610
20810
21450

图 6-41　改造前平面

→该商业空间改造前后都是餐饮空间，虽同为餐饮空间，但是二者对于整体的区域规划有着很大不同。

★改造后→

吧台
储藏间
收银台
用餐区1
厨房
包间1
包间2
用餐区2
1460
6800
3940
8610
20810
3340
18110
21450

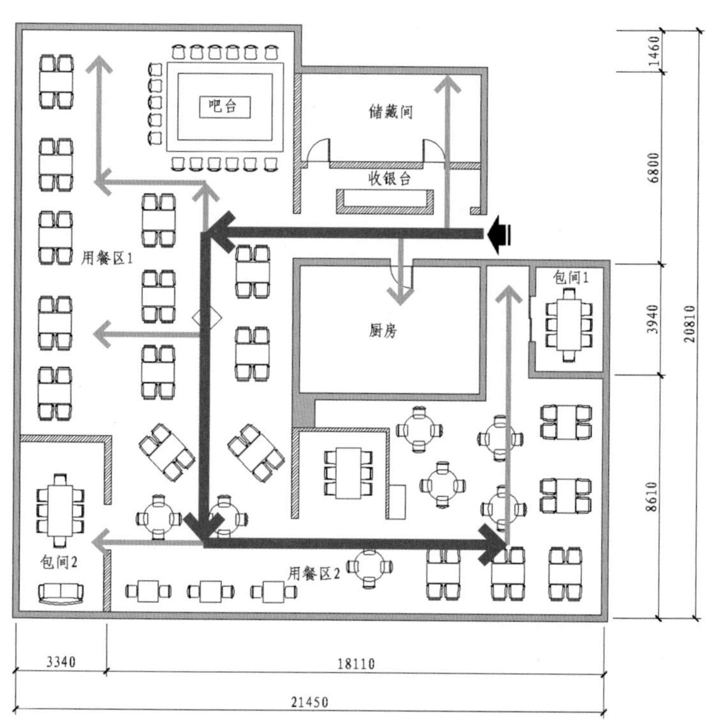

图 6-42　改造后平面

→改造后，包间不再占用过大空间，适量即可。改造前的餐饮空间规划了两条主动线，一条前往包间区，另一条前往用餐区，两个区域有自己的单独动线。两条动线的设计会加大管理难度，仅保留一条主动线即可。改造前，收银台的空间被弱化，前台对整个店铺的形象非常重要，因此不能设计得过于随意。

从无到有

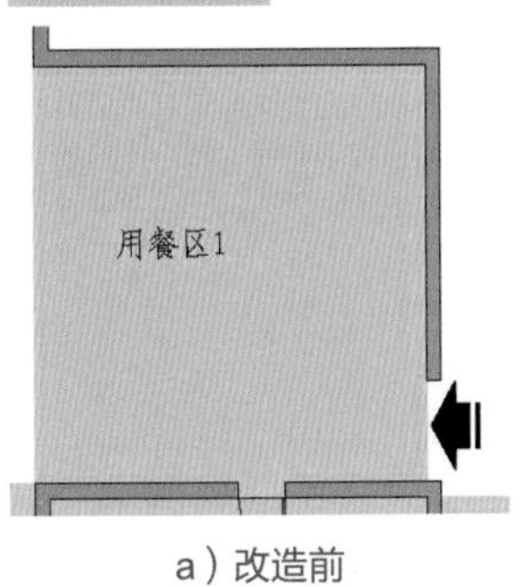

a）改造前

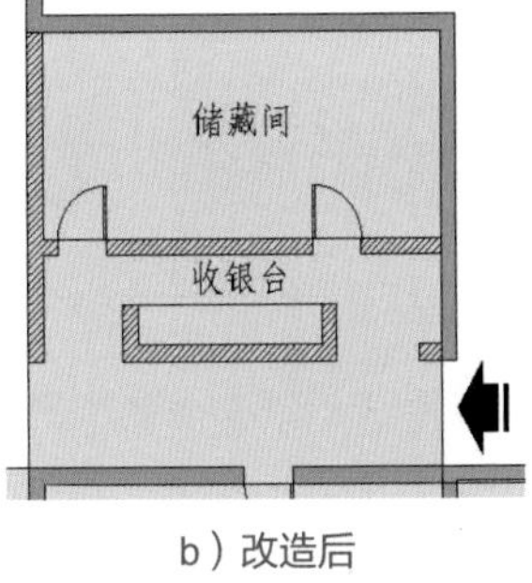

b）改造后

图 6-43 分隔储藏间

←将入口右侧的空间划分为一个 6.7m × 3.3m 的储藏间与一个半开放的收银台空间。

开放整体

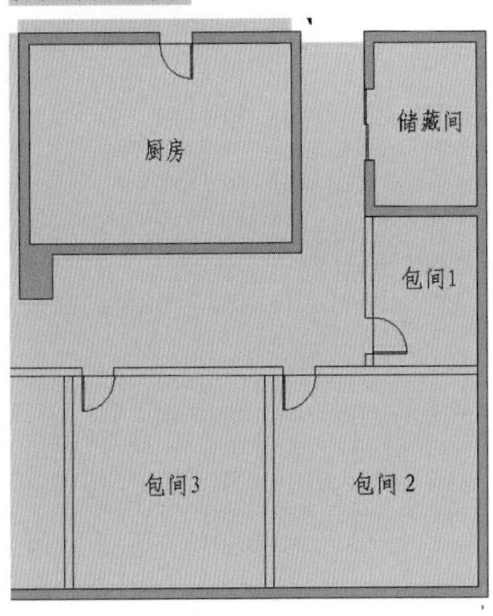

a）改造前

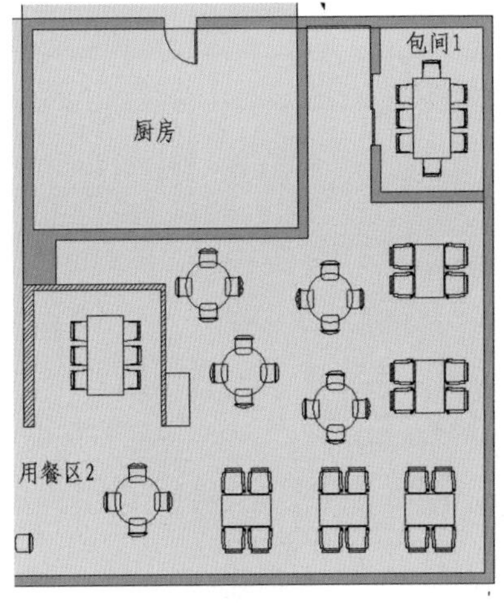

b）改造后

图 6-44 拆除包间

←封闭原厨房与储藏间之间的通道，拆除原包间 1 ~ 5 之间的所有墙体，将原本的包间区域改成开放的用餐区，将储藏间更改为包间 1。以厨房外侧的承重柱为基准，砌一个 3m × 3m 的矩形半开放用餐空间。

半遮半掩

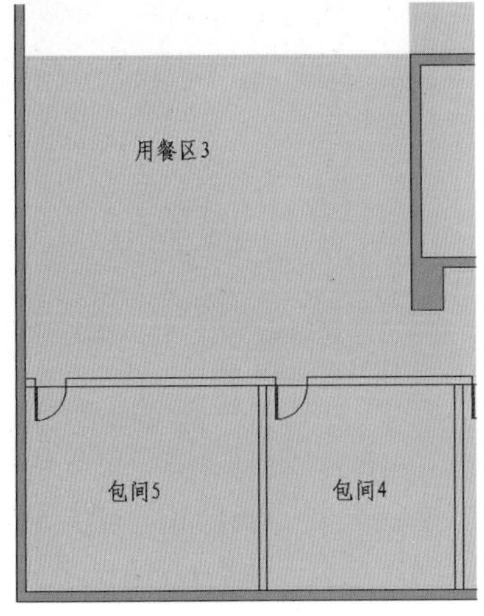

a）改造前

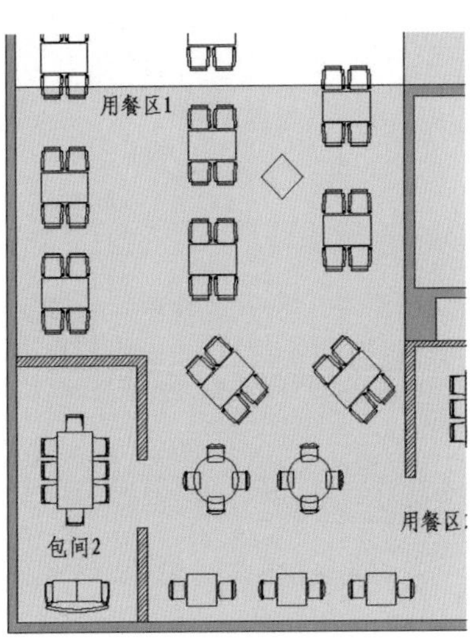

b）改造后

图 6-45 开放式包间

←在原包间 5 所在的角落，砌一个 6m × 3.1m 的矩形空间，将其设置为包间 2。

图 6-46　收银台

←收银台是餐饮空间的脸面，它能带给消费者对该空间的第一感受，常规餐饮空间会弱化收银台的存在而在其他地方做弥补。该餐饮空间的前台设计得大气、高贵，且充满艺术气息。

图 6-47　用餐区

←将原包间取消后，取而代之的是更大的开放型用餐区，次动线被桌椅摆放分割得零碎但充满趣味性。

图 6-48　岛形吧台

↑环岛式的动线在该空间中也被充分利用，吧台与用餐区遥相呼应，吧台能使消费者一个人吃饭也不会觉得尴尬，动线环绕四周方便人员流动。

图 6-49　饰品

↑作为动线中的主题造型，表现出餐厅的风格与品位。

6.6 空间营造，优化动线

空间档案
使用面积：310m²
商业性质：餐厅
室内格局：卫生间、厨房、传菜区、包间、散座区
主要建材：仿实木地板、乳胶漆、壁纸、硅藻泥、细木工板

★改造前→

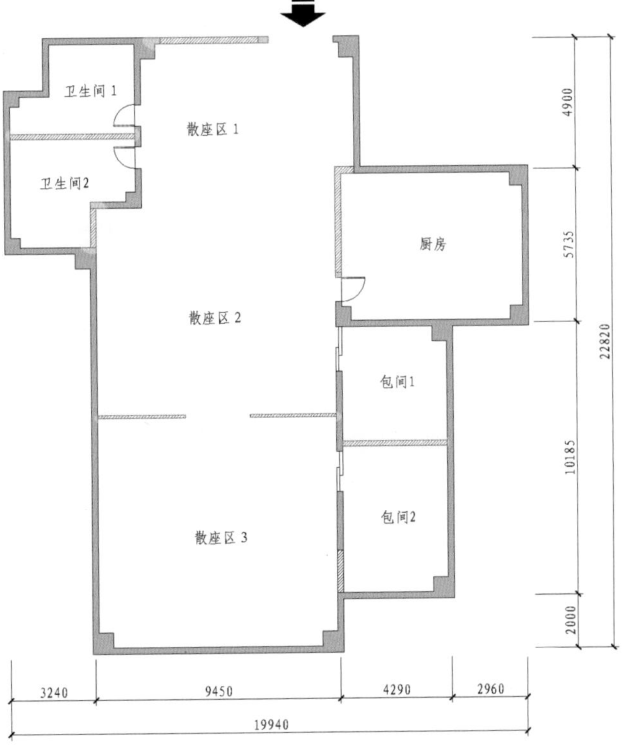

图 6-50 改造前平面

→原餐饮空间格局划分的最大问题在于卫生间的设计，由平面布置图可以看出，两个卫生间的门洞朝向直接面向入口处，没有遮挡，这种设计明显会破坏消费者对该餐厅的第一印象。该空间的一堵墙将散座区分成了前后两个部分，使空间整体感不强。

★改造后→

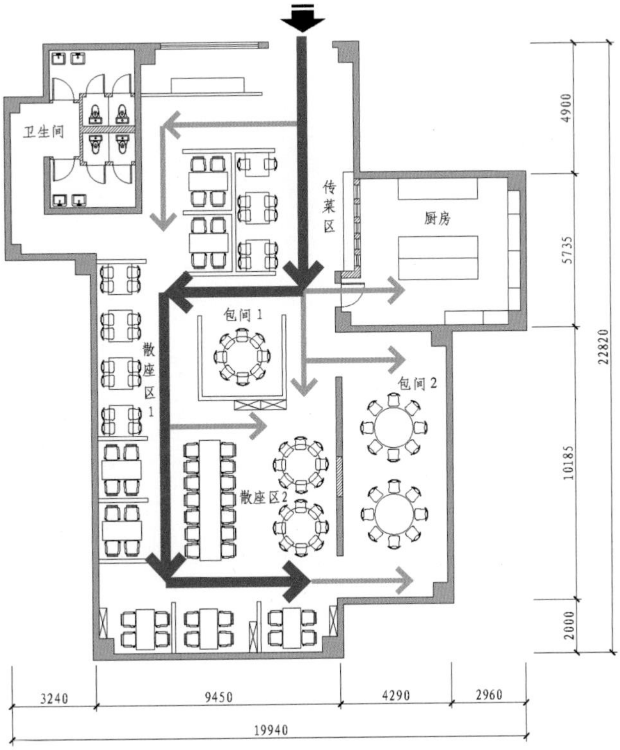

图 6-51 改造后平面

→拆除原有隔墙后，在餐厅中央设计中岛开放式卡座与包间，使动线形成环状，让消费者能自由穿梭其中选定喜好的座位。开放式包间是当前流行的设计形式，包间与外部大厅之间既有阻隔，又有联系，方便消费者出入与服务员管理。

从无到有

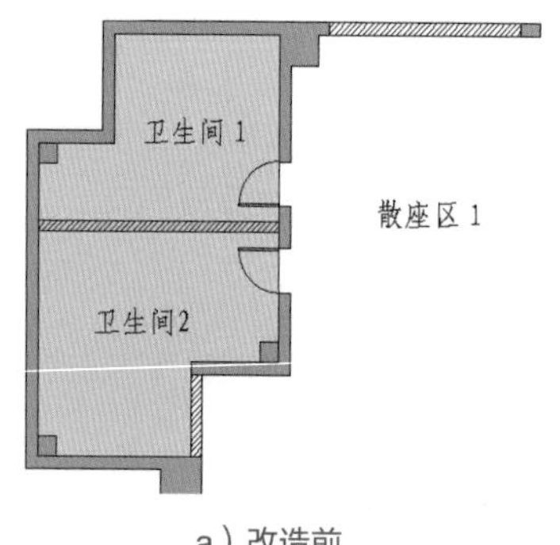

a）改造前

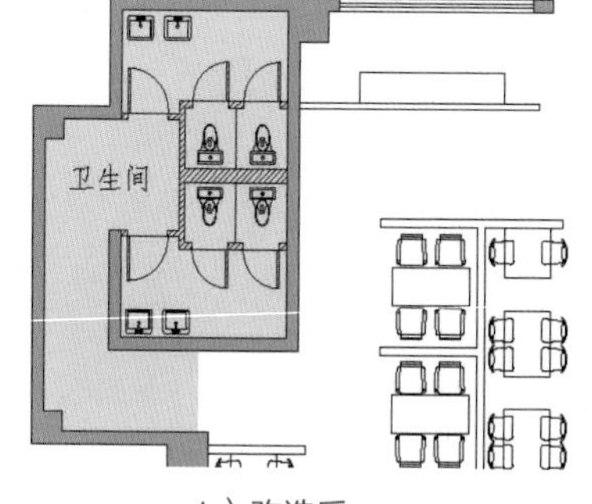

b）改造后

图 6-52　重改卫生间

←将原餐厅与外部之间的墙体部分打通，将实墙改为透明玻璃墙。将原本卫生间 1 与卫生间 2 之间的墙体拆除，更改卫生间门的朝向，将原本简单的动线复杂化，让入口空间能够得到合理利用。

开放整体

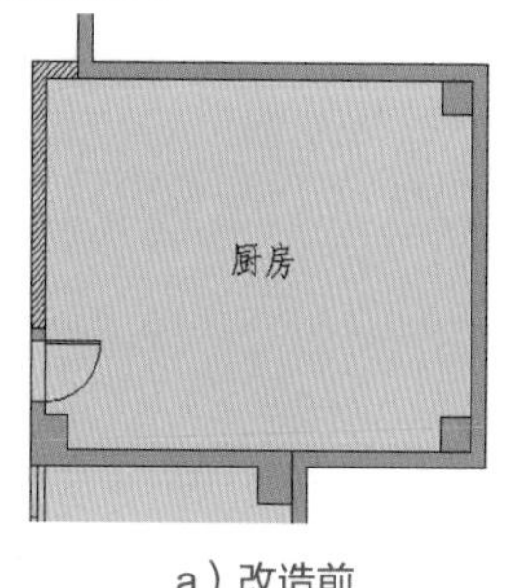

a）改造前

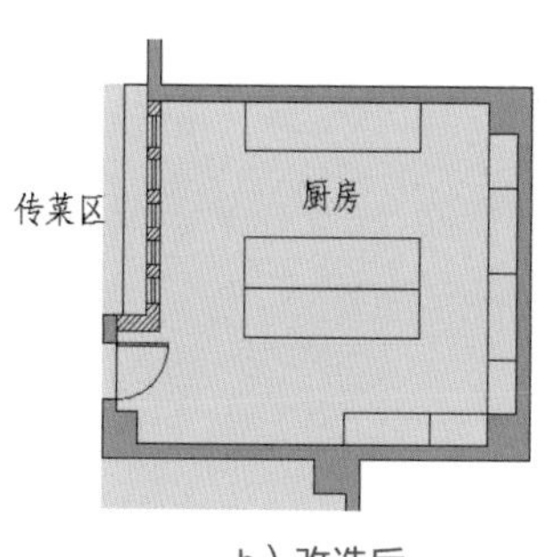

b）改造后

图 6-53　增设传菜区

←拆除原厨房与散座区 1 之间的部分墙体，将其改为透明传菜窗口，如此传菜也方便许多，简化了员工工作动线。

半遮半掩

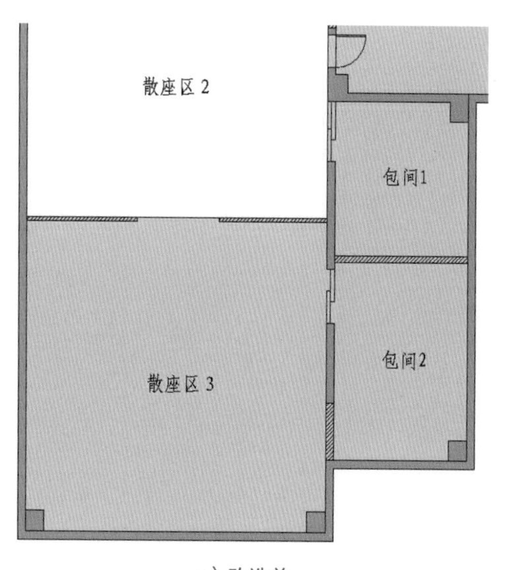

a）改造前

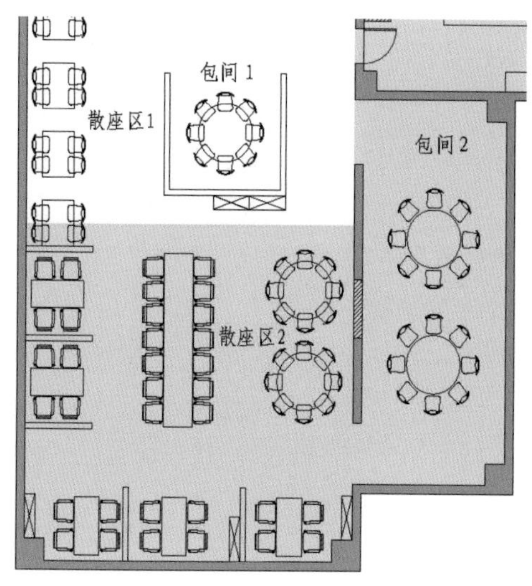

b）改造后

图 6-54　开放式包间

↑拆除原散座区 2 与散座区 3 之间的墙体，将两个空间合二为一，拆除原包间 1 与包间 2 之间的墙体，将两个包间与散座区之间的墙体合并，再拆除部分墙体，让动线互相交融。

图 6-55　半开放式卡座

←用屏障对空间进行分割，这种做法不仅能够创造出包间的独立感，同时也没有增加工作动线的压力。

图 6-56　长条桌

←餐饮空间中除了通过屏障创造动线，还能利用桌椅摆放来划分动线，通过这种方法能创造或简单或复杂的动线。

图 6-57　开放式包间

↑将原本的包间取消后，可以对这片区域进行趣味性设计，创造一种主题氛围，让空间充满神秘感。

图 6-58　装饰墙画

↑装饰墙画是室内空间的亮点之一，是动线转折处与用餐座席区的装饰亮点。

6.7 异国风情，别样设计

空间档案
使用面积：150m²
商业性质：运动用品商店
室内格局：展示区、入口大厅、试衣休息区
主要建材：仿古地砖、清水混凝土、乳胶漆、钢化玻璃、不锈钢隔断

★改造前↓

↓改造后★

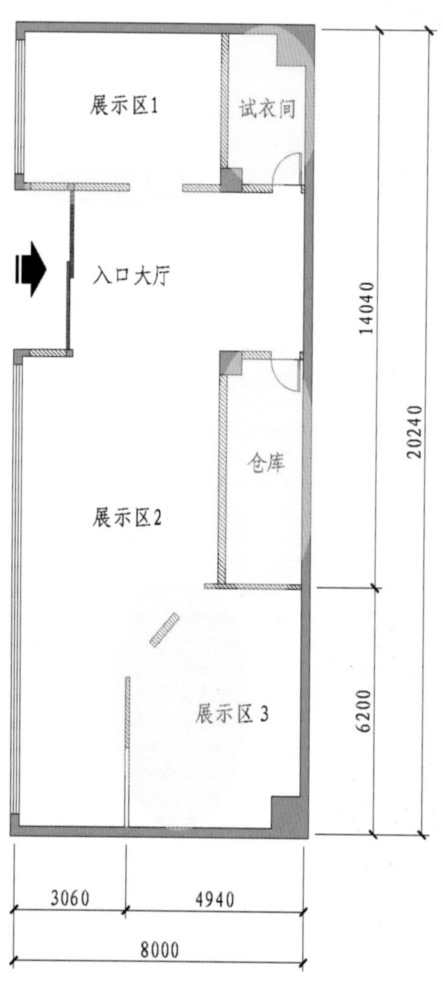

图 6-59 改造前平面

↑该商业空间原本是一家潮牌店，现要改造成一家运动用品商店，希望整体动线设计能符合商店主题，最好能靠近美式风格。与原本复杂的动线所不同的是，重新设计的动线要求能灵活多变，格局开放，能符合爱运动消费者的个性，能够激发这类消费者的购物欲望，因为运动用品商店所针对的人群比较单一。

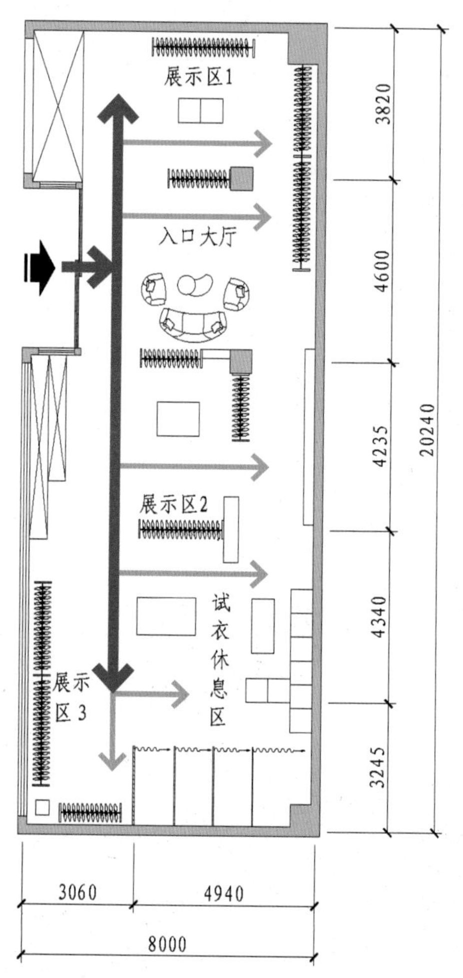

图 6-60 改造后平面

↑拆除小的围合空间，尽量将店面室内空间扩大，利用货架将纵深空间划分为多个层次，设计成双通道动线，既能迂回环绕，又能根据消费者的兴趣点随时停留在货架旁。

灵活动线

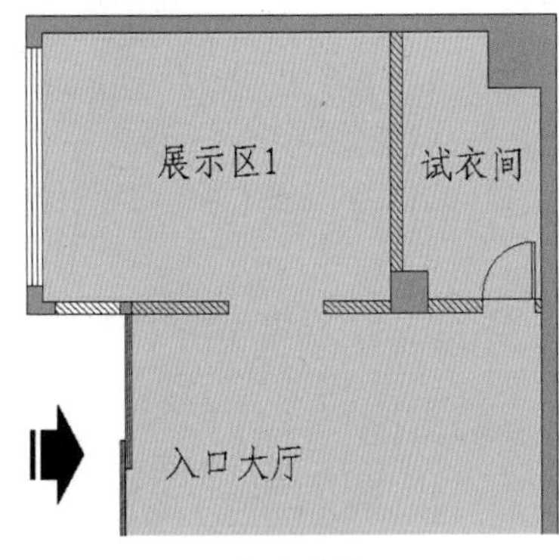

a）改造前

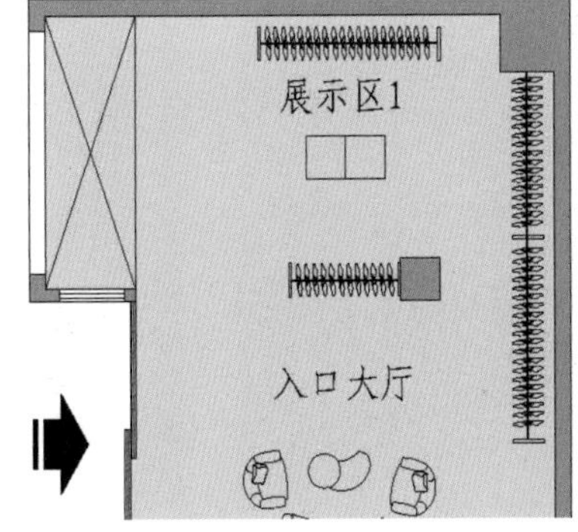

b）改造后

图 6-61　扩大空间

↑拆除原展示区 1 与入口大厅之间的实墙，拆除原展示区 1 与试衣间之间的墙体，仅保留不可拆除的承重柱，将原本的三个空间合并为一个空间，为求动线多样性，利用展示衣架将空间进行分隔。

空间拓展

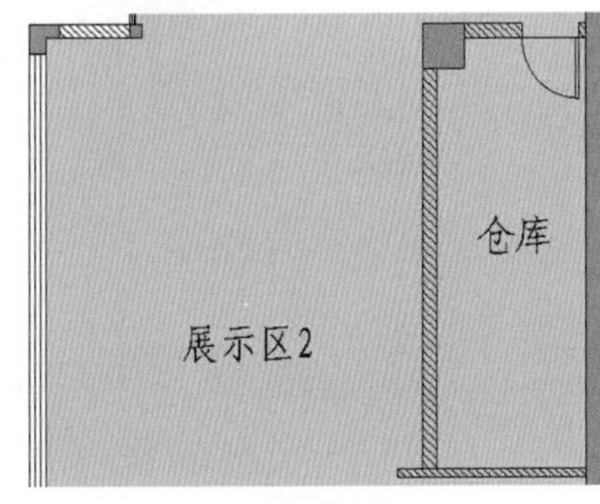

a）改造前

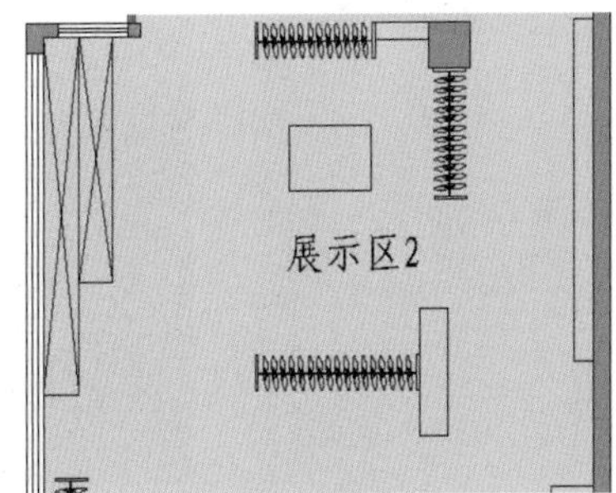

b）改造后

图 6-62　拆除仓库

↑拆除原仓库与展示区 2 之间的墙体，将原仓库空间并入展示区 2 中，扩大展示区 2 的使用面积。

功能多重

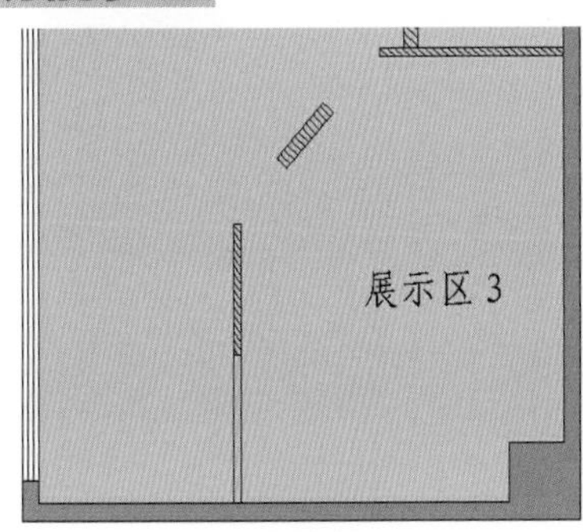

a）改造前

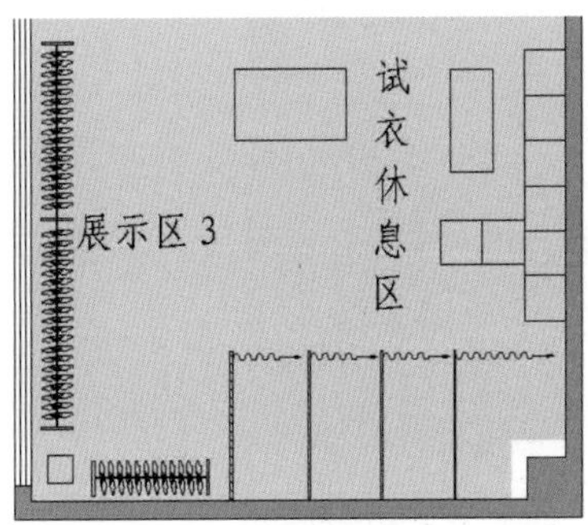

b）改造后

图 6-63　增设试衣休息区

↑拆除原展示区 3 与展示区 2 之间的部分墙体，在原展示区 3 的位置增设四个小试衣间和休息区。

图 6-64　入口

↑入口设计简单大方，给人一种如家一般的温馨氛围。

图 6-65　主走道

↑将原多余墙体拆除之后，利用展示衣架来分隔空间，这样能预留较宽的走道，满足动线设计需求。

图 6-66　货架陈列

↑通透式货架不仅能够全方位展示物品的样式，还能节省空间，高处能囤放更多货品。

图 6-67　服装修改货架

↑服装修改货架一物多用，活动货架能随意移动，创造不同分支动线。

图 6-68　组合货架

←组合货架造型丰富，能根据需要设计搁板与立柱构架，可以按类型来摆放多种服装。

6.8 法式风格，见证时尚

空间档案
使用面积：221m²
商业性质：服装店
室内格局：展览区、仓库、试衣休息区、收银台
主要建材：仿古地砖、防滑地砖、乳胶漆、双层玻璃、饰面板

★改造前↓

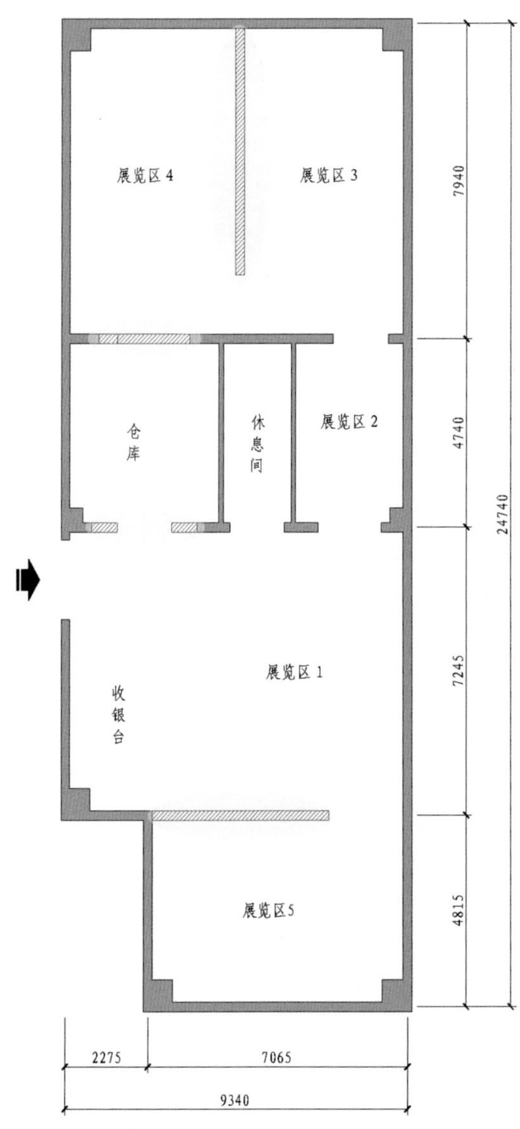

图 6-69 改造前平面

↑原商业空间分隔较多，现希望让空间更整体些，不要过于分散。打通之后整体格局上还存在小瑕疵，需要美化。

↓改造后★

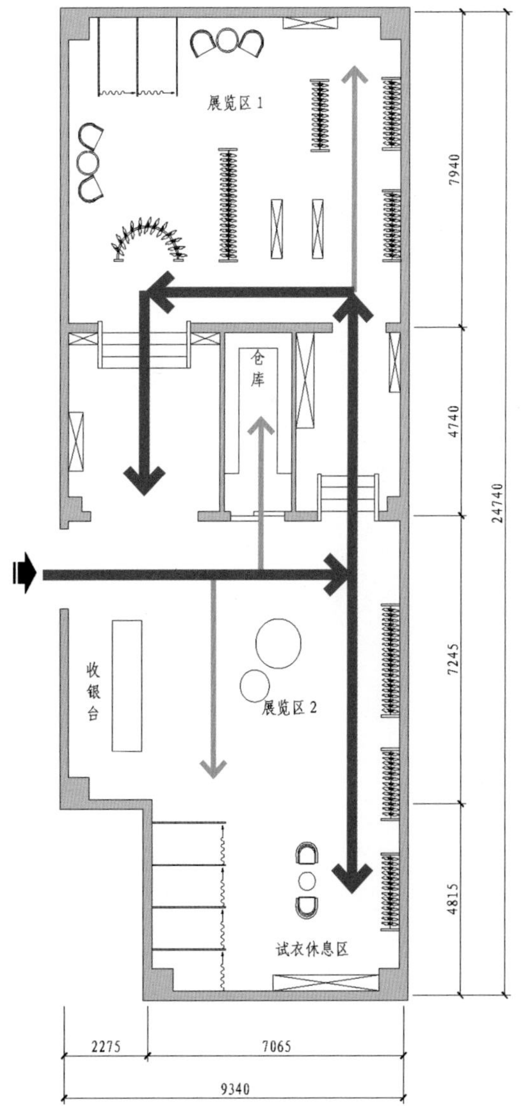

图 6-70 改造后平面

↑拆除动线中的隔墙后，整体空间变得更加通透，形成双通道回路动线，让消费者在行进浏览时不用识别方向。

拆墙合并

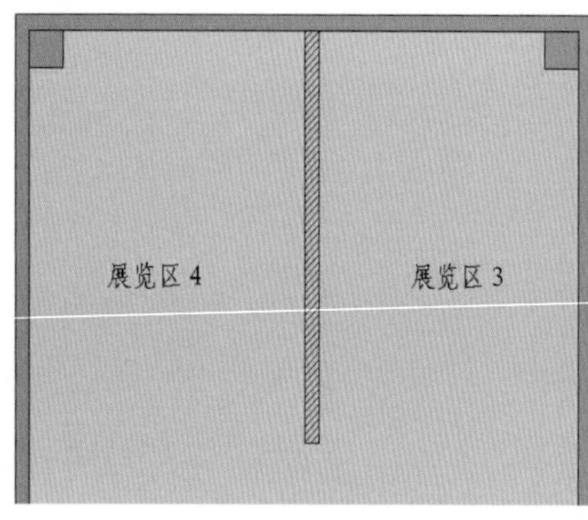

a）改造前

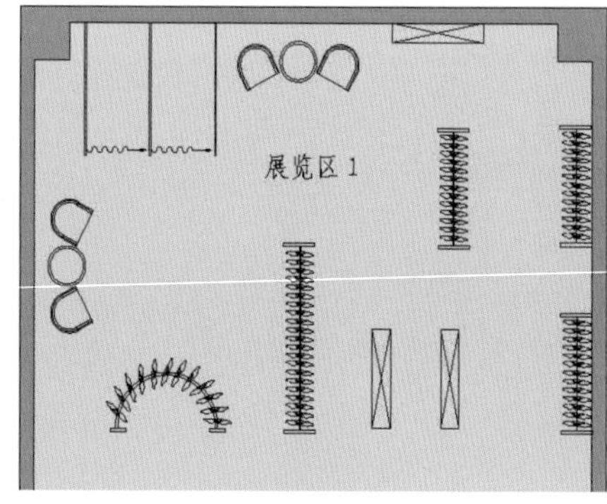

b）改造后

图 6-71 扩大空间

↑拆除展览区 4 与展览区 3 之间的墙体，将原本被分隔开的两个空间合并。

改变动线

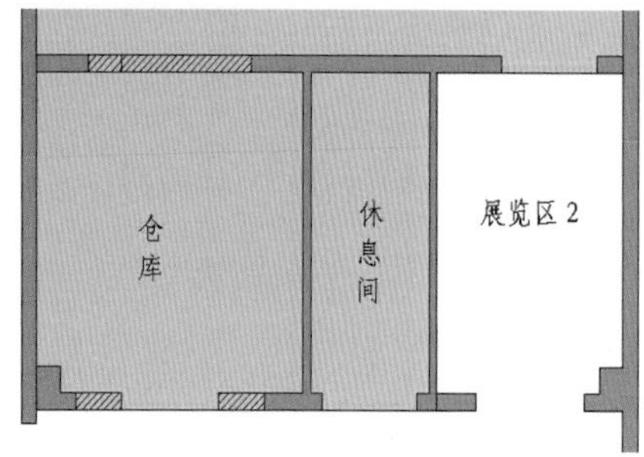

a）改造前

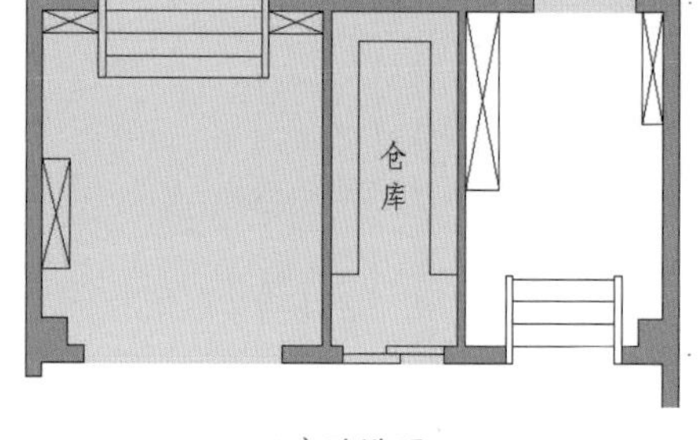

b）改造后

图 6-72 变更仓库

↑拆除原仓库与展览区 4 之间的部分墙体，两个空间有高差，因此在过渡区域设置台阶连接动线，如此就能将原一条动线变成两条，单通道式动线变为双通道式。

简约大气

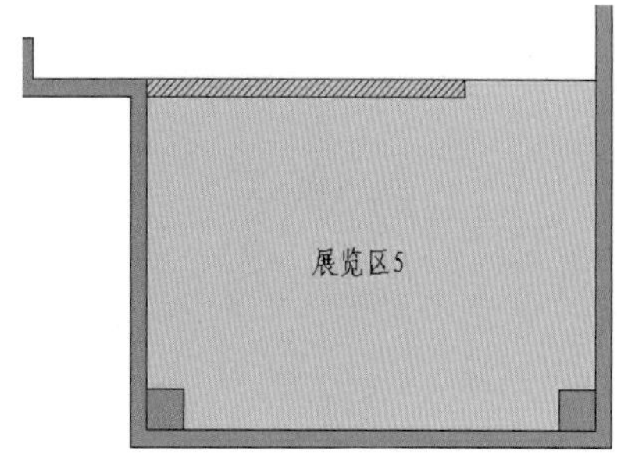

a）改造前

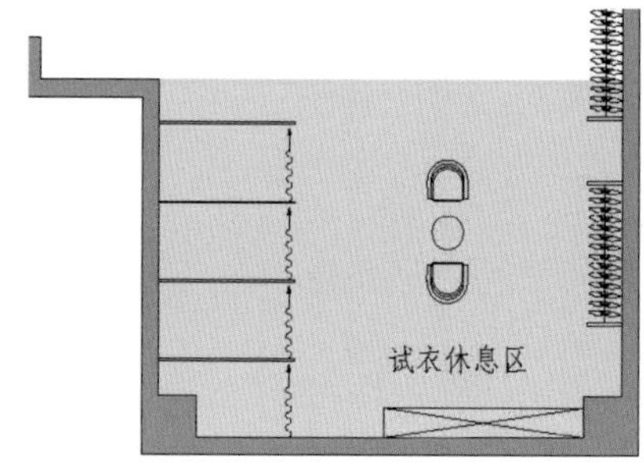

b）改造后

图 6-73 增设试衣休息区

↑拆除原展览区 5 与展览区 1 之间的墙体，将两个空间合二为一，将原流水式动线变为自由式动线，提高了店内流动的自由度。

图 6-74 拆除仓库后的展览区
←因为服装不需要太大的存储空间，可以将原大仓库改为展览区，让空间得到更合理的利用，增加了商品的展示机会，这也是提高收益的重要方式。

图 6-75 货架台柜
←弧形窗户加上白色墙面使空间效果贴近法式风格，服装陈列展示，没有过于花哨，只是简单地挂在衣架上就给人一种高级感。

图 6-76 试衣镜
↑整个空间在展示上运用的是自由式动线，动线行进走向靠衣架来引导，有时也需要靠落地试衣镜来发挥作用，给人的感觉简约、大气、华贵。

图 6-77 走道
↑边缘分支动线宽度预留 1m 才能保证双人对向通行。

参考文献

[1] 科帕茨．三维空间的色彩设计 [M]．周智勇，何华，王永祥，译．北京：中国水利水电出版社，2007.

[2] 布兰格．设计带动商机：精品店装饰展陈设计 [M]．凤凰空间，译．南京：江苏科学技术出版社，2014.

[3] 福多佳子．照明设计 [M]．朱波，等译．北京：中国青年出版社，2014.

[4] 熊兴福、舒余安．人机工程学 [M]．北京：清华大学出版社，2016.

[5] 周莉，袁樵．餐馆照明 [M]．上海：复旦大学出版社，2004.

[6] 彭军，鲁睿．商业空间设计 [M]．天津：天津大学出版社，2011.

[7] 周长亮，李远．商业空间设计 [M]．北京：中国电力出版社，2008.

[8] 周昕涛．商业空间设计 [M]．上海：上海人民美术出版社，2006.

[9] 符远．展示设计 [M]．北京：高等教育出版社，2003.

[10] 李泰山．环境艺术专题空间设计 [M]．南宁：广西美术出版社，2007.

[11] 田鲁．光环境设计 [M]．长沙：湖南大学出版社，2006.

[12] 郭立群．商业空间设计 [M]．武汉：华中科技大学出版社，2008.

[13] 张志颖．商业空间设计 [M]．长沙：中南大学出版社，2007.